青少年心理自助文库
自强丛书

自 信

直挂云帆济沧海

方 圆/编著

自信是真正实现梦想的人的标志。
自信是最强的正能量。

中国出版集团　现代出版社

图书在版编目(CIP)数据

自信:直挂云帆济沧海 / 方圆编著. —北京 : 现代
出版社, 2013.7

ISBN 978-7-5143-1608-7

Ⅰ. ①自… Ⅱ. ①方… Ⅲ. ①自信心 – 青年读物
②自信心 – 少年读物 Ⅳ. ①B848.4 –49

中国版本图书馆 CIP 数据核字(2013)第 149218 号

编 著	方 圆
责任编辑	窦艳秋
出版发行	现代出版社
通讯地址	北京市安定门外安华里 504 号
邮政编码	100011
电 话	010 – 64267325 64245264(传真)
网 址	www.1980xd.com
电子邮箱	xiandai@ cnpitc. com. cn
印 刷	北京中振源印务有限公司
开 本	710mm×1000mm 1/16
印 张	14
版 次	2019 年 4 月第 2 版 2019 年 4 月第 1 次印刷
书 号	ISBN 978-7-5143-1608-7
定 价	39.80 元

P 前言
PREFACE

为什么当今时代一部分青少年拥有幸福的生活却依然感觉不幸福、不快乐？又怎样才能彻底摆脱日复一日的身心疲惫？怎样才能活得更真实、更快乐？越是在喧嚣和困惑的环境中无所适从，我们越是觉得快乐和宁静是何等的难能可贵。其实，正所谓"心安处即自由乡"，善于调节内心是一种拯救自我的能力。当我们能够对自我有清醒认识，对他人能够宽容友善，对生活能无限热爱的时候，一个拥有强大的心灵力量的你将会更加自信而乐观地面对一切。

青少年是国家的未来和希望。对于青少年的心理健康教育，直接关系着下一代能否健康成长，能否承担起建设和谐社会的重任。作为家庭、学校和社会，不能仅仅重视文化专业知识的教育，还要注重培养孩子们健康的心态和良好的心理素质，从改进教育方法上来真正关心、爱护和尊重他们。如何正确引导青少年走向健康的心理状态，是家庭、学校和社会的共同责任。因为心理自助能够帮助青少年解决心理问题、获得自我成长，最重要之处在于它能够激发青少年自我探索的精神取向。自我探索是对自身的心理状态、思维方式、情绪反应和性格能力等方面的深入觉察。很多科学研究发现，这种觉察和了解本身对于心理问题就具有治疗的作用。此外，通过自我探索，青少年能够看到自己的问题所在，明确在哪些方面需要改善，从而"对症下药"。

成功青睐有心人。一个人要想获得事业上的成功，就要有自信，就要把握住机遇，勇于尝试任何事。只有把更多的心血倾注于事业中，你才能收获

前言

成功的果实。

远大的目标是人生成功的磁石。一个人如果仅仅拥有志向，没有目标，成功就无从谈起。

一个建筑工地上有三个工人在砌一堵墙。

有人过来问："你们在干什么？"

第一个人没好气地说："没看见吗？砌墙。"

第二个人抬头笑了笑说："我们在盖幢高楼。"

第三个人边干边哼着歌曲，他的笑容很灿烂："我们正在建设一个城市。"

十年后，第一个人在另一个工地上砌墙；第二个人坐在办公室里画图纸，他成了工程师；第三个人呢，是前两个人的老板。

三个原本是一样境况的人，对一个问题的三种不同回答，反映出他们的三种不同的人生目标。十年后还在砌墙的那位胸无大志，当上工程师的那位理想比较现实，成为老板的那位志存高远。最终不同的人生目标决定了他们不同的命运：想得最远的走得也最远，没有想法的只能在原地踏步。

远大美好的人生目标能吸引人努力为实现它而奋斗不止。每当你懈怠、懒惰的时候，它犹如清晨叫早的闹钟，将你从睡梦中惊醒；每当你感到疲惫、步履沉重的时候，它就似沙漠之中生命的绿洲，让你看到希望；每当你遇到挫折、心情沮丧的时候，它又犹如破晓的朝日，驱散满天的阴霾。

在人生目标的驱策下，人们能不断地激励自己，获得精神上的力量，焕发出超强的斗志。那样，你就能收获成功的果实。

本丛书从心理问题的普遍性着手，分别描述了性格、情绪、压力、意志、人际交往、异常行为等方面容易出现的一些心理问题，并提出了具体实用的应对策略，以帮助青少年读者驱散心灵的阴霾，科学调适身心，实现心理自助。

本丛书是你化解烦恼的心灵修养课，可以给你增加快乐的心理自助术。本丛书会让你认识到：掌控心理，方能掌控世界；改变自己，才能改变一切。本丛书还将告诉你：只有实现积极心理自助，才能收获快乐人生。

C目录
ONTENTS

目录

自 信

——直挂云帆济沧海

第三篇 信心比黄金更重要

第四篇　我拿诚心换取真心

第五篇　人无诚信步步难行

目录

自 信

直挂云帆济沧海

第一篇 >>>

信心助你所向披靡

　　"我是最棒的!"这是自信的宣言。自信是走向成功的关键,是一种来自内心的强大力量,这种力量会让人重新认识自我,令人们在成功之路上所向披靡,无所畏惧。如果一个人拥有强大的自信心,做起事来就会事半功倍,这样的经验会让自信心进一步壮大,从而使成功的道路变得更加畅通。

　　当你相信自己很聪明、很吸引人时,你说起话来便十分有力量:我认为我很聪明!念头是信念的最初形式,也就是说,念头只有在深信不疑的情况下才能转化为信念。

信心与成功同在

世界酒店大王希尔顿以 200 美元创业起家，曾有人向他求教成功的秘诀，他说是"信心"。信心是人生成功重要的精神支柱，是一个人行为的内在动力，是自我成功的动力源泉；信心能够使弱者变强，强者变得更强。只有高度有信心的人，才有可能在成功的路上健步如飞。

小泽征尔是世界著名的交响乐指挥家。

在一次评选世界优秀指挥家大赛的决赛中，他按照评委会给的乐谱进行指挥演奏，敏锐地发现了一个不和谐的声音。

起初，他以为是乐队演奏出了错误，就停下来重新演奏，但还是不对，他觉得是乐谱有问题。

这时，在场的作曲家和评委会的权威人士坚持说乐谱绝对没有问题，是他错了。

面对一大批音乐大师和权威人士，他思考再三，最后斩钉截铁地大声说："不！一定是乐谱错了！"话音刚落，评委席上的评委们立即站起来，报以热烈的掌声，祝贺他大赛夺魁。

原来，这是评委们精心设计的"圈套"，以此来检验指挥家在发现乐谱错误并遭到权威人士"否定"的情况下，能否坚持自己的正确主张。

前两位参加决赛的指挥家虽然也发现了错误，但终因随声附和权威们的意见而被淘汰。小泽征尔却因充满信心而摘取了世界指挥家大

赛的桂冠。

有信心是不是就一定会成功？未必。不过，成功者一定都有信心，这个是必然的。一个人成就的大小，永远不会超出他的自信心的大小。

信心就是力量，奋斗就会有收获。

古往今来，每一个伟大的人物，在其生活和事业的旅途中，无不以坚强的信心为先导。

拿破仑就曾宣称："在我的字典中没有'不可能'。"正是因为他的这种信心激起了无比的智慧和巨大的能量，使他成为一个伟人。他的精神激励了一代人。

只有相信自己，才能激起进取的勇气，才能感受生活中的快乐，才能最大限度地挖掘自身的潜力。有信心的人才拥有世界；畏缩自卑的人，则会被世界所抛弃。

成功源于信心，信心应成为人生的主旋律。信心能产生一种强大的推动力，使你坚信自己能冲破任何艰难险阻，扫平一切暗礁浊浪。

速度滑冰名将叶乔波说过："成功和失败、顺利和挫折都是我的老师，它使我辨别真善美，增强我向逆境挑战的勇气。我知道，建立信心是困境中重新崛起的一种特有的力量。"

这是叶乔波的成功体验。正是由于她的信心，在身有几处久治不愈的血肿、伤痛的情况下，仍能经受住常人不能忍受的"残酷"训练，终以骄人的佳绩，为祖国赢得金牌。

只有顽强地相信自己，你才敢于奋力追求实现自身价值，也才会激发出自己的潜能。生活中的许多问题、困难，实际上正来源于你信心不足；一旦你获得了信心，许多问题就会迎刃而解。

每个人都可能有一个或者更多的心愿，我们在决定按照自己的心愿设计人生的时候，往往会面对各种各样的诱惑。这个时候，我们就要充分了解自己的思想，忠于自己的灵魂，而不要见到了更好的事物，就忘记了自己的初衷。

品德高尚的人，不管外部事物具备多么强大的诱惑力，他们都能在理智的指引下，坚持自己最初的信仰。

心灵悄悄话

成功的人必定是有充足自信心的人，一个连自己的实力、特长也认不清的人，是难以迈进成功之门的。要相信自己的独特魅力、相信自己的能力，信心会助你达到预定的目标。

经常对自己说：我能行

中国古人有句话：彼人也，予人也，彼能为之，予何不能为之？用大白话说就是：他是人，我也是人，他能做到的事，我为何做不到？也就是说：你能，我也能！

其实，人与人在生理上几乎没啥区别，在天赋遗传上也区别不大。导致人与人在人生道路上成功与否的主要原因就是：有的人自信，有的人自卑。

有着充分自信的人，不能的事他也觉得能，便能充分挖掘自己的潜力，导致成功。特别自卑的人，能的他也觉得不能，往往抑制了自己的潜能，结果就是一辈子浑浑噩噩、平平庸庸。

每一个健全的人，大脑里都有 150 亿至 200 亿个智能细胞，谁也不比谁多多少，谁也不比谁少多少；谁也不比谁更聪明，谁也不比谁更愚蠢。只要你有信心，你就能充分发挥这些脑细胞的功能，深挖这巨大无比的天赋宝藏，不让任何一个脑细胞闲置萎缩，而是将它们无限的潜能汇聚在一起，那么，对你来说就是：世上无难事，只要肯登攀。

当然，信心也不是天生的，更多是后天培养的。一方面是来自环境的积极影响，如父母的爱抚、亲友的赞扬、老师的鼓励等，一个在赞美的环境下长大的孩子，绝对比一个在歧视训斥的环境下长大的孩子充满信心；另一方面是来自自我的积极暗示，尤其是在恶劣的环境下长大或身有残疾的孩子，更要经常有意地积极暗示自己。

有一位心理学家曾做过这样一个试验：他挑选了一些运动员，要他们完成一些别人无法做到的运动，同时告诉他们，因为他们是国内最好的运动员，完成这些运动没问题。

他把这些运动员分成两组。第一组到达体育馆后，虽然努力去做，但没一个符合要求。第二组到达体育馆后，心理学家告诉他们，第一组已经失败了，但对他们说："你们这一组与前一组不同，我们给你们吃一种最新研制的药丸，会使你们达到超常发挥的水平。"

第二组的运动员吃了药丸后，经过努力，果然个个完成了那些很难的动作。事后，心理学家告诉他们，刚才吃的药丸，其实是淀粉做的，没有任何药物成分。你们能完成这些高难度的动作，是因为你们自信能完成。由此可见，积极的心理暗示能激发你的信心，从而使你的潜能得到超常的发挥。

如果你是一个自卑的人，就更应经常地有意识地对自己进行积极的心理暗示。

据说，在日本的富士山，有一所专门培养企业家的学校。学员每天出操、上课时，都要齐声呼喊："我能行！我能行！"呼喊声响遏行云，在富士山上久久回响，也在学员的心里久久回荡。这所学校的创办人说：一个人要立足社会，建功立业，一定要有"我能行"这样一种强烈、积极的自我意识，也就是自信心。

心灵悄悄话

金无足赤，人无完人；尺有所短，寸有所长。自卑的人只不过是更多地看到自己的短处，有信心的人也只不过是更多地看到了自己的长处。从才能上看，自卑者与自信者其实本无多大区别；可从结果上看，两者却往往是天壤之别：一个原地踏步，一个不断进取。

幸运属于有信心的人

我们的态度决定了我们人生的成功。我们怎样对待生活，生活就怎样对待我们；我们怎样对待别人，别人就怎样对待我们。

爱默生曾说："相信'有志者，事竟成'的人，终将赢得胜利。"信心其实是习惯性的思想意念。倘若我们对自己充满信心，并养成主宰自我意志的习惯，那么即使面对逆境，也能泰然处之。这种强大的力量来自信心。换言之，信心是力量增长的源泉，是挑战困境的武器。

一个富翁在一次演讲之后走出演讲大厅，一个衣服褴褛的乞丐在门口乞讨："先生，可怜可怜我这个盲人吧！都是因为那场大火，我才双目失明的啊！"

这个时候，富翁停下脚步问道："是哪场大火让你双目失明的？"

乞丐回答："就是十年前南部化工厂的那次爆炸啊！"

富翁拽住了乞丐的双手，非常激动地说："你是 S 先生吗？"

乞丐非常惊诧地回答："您……您怎么认识我？"

富翁回答："我听说，当年工厂失火，有一个人眼睛受伤并双目失明，那一定就是你 S 先生了。"

乞丐激动地说："对，对，就是我，我就是那个可怜的 S 先生。"

富翁接着说："我还记得，在发生爆炸的时候，人群混乱，S 先生焦急逃命，并且推倒了他的同事 A 先生，踏着他的身体逃出车间的。"

这个时候，乞丐的脸色很是尴尬："您是怎么知道的？"

富翁回答："我就是 A 先生啊！"

"什么，什么？你就是 A 先生？"

富翁回答："对，我就是 A 先生！"

这时，乞丐满脸痛苦、流着眼泪说："上天真是不公平，先逃出去的，却双眼失明，成了乞丐；后逃出来的却双眼完好，成了富翁。这是天意啊！"

富翁冷冷地说："S 先生，你错了，我也是一个盲人，由于当年你推倒了我，我是最后一个逃出车间的，我的眼睛也受到了化学药品的伤害！"

这个时候，乞丐停止了哭声，用双手摸索着富翁的眼睛，果然是双目失明。

富翁说："你相信天意，我不相信，所以你是乞丐，我却成了富翁。当年，我也因为双目失明苦恼过，可是我并没有一直沉沦下去。我借了一些钱，开了个旅馆，后来，我又开了几个大型的酒店，我始终鼓励自己，要坚强，做一个有用的人。"

在我们的周围，每天都有很多人开始新的工作，他们都"希望"能登上成功的火车，享受随之而来的成功果实。但他们认为仅凭自己的能力，是无法享有世界上最好的东西的，有了这种自卑的心理之后，他们就很难上进了。前面的乞丐就是一个活生生的例子。

一个著名的作家说过："只要认为自己有能力，你就一定能够成功地超越他人。"也就是说，一个人的能力能否充分发挥出来，首先取决于他对自己能力的信心。

不管做任何事情，只要你敢于对自己说："我能办到！"那么再难的工作也能做好。然而，很多人在面对一件自己从未做过的工作时，头脑中产生的第一想法却是"我能做好吗？"正是这种不相信自己的想法，使他们平庸一生。

自信

在奔向成功的过程中，压力、挫折不是使人放弃原定目标，就是使人更加坚定。只要有信心，时刻提醒自己："我能！我一定能"，你就迈出了成功的第一步。

成功学大师克莱门·史东常说："积极的心态就是在不同状况下采取适当的心态。将信心贯注于努力上，这样几乎总是会产生良好的结果。当你用奋斗的心态来行动，即使结果不如预期的那样好，你仍会交上好运气。"

心灵悄悄话

一句谚语说得好：不自重的人，别人也不会尊重他。

如果我们自己对自己都没有好的评价和认可，怎么期望别人会对我们有好的评价呢？如果我们自己都没有信心改变命运，幸运女神怎会光临？

我自信故我在

　　有一次，世界最有名的小提琴家欧利·布尔在巴黎举行音乐会，突然小提琴上的 A 弦断了，欧利·布尔并没有因此而放弃演奏，他用另外的三根弦演奏完了那支曲子。

　　他后来告诉人们："这就像生活，如果你的 A 弦断了，就在其他三根弦上把曲子演奏完。"

　　你听了这个故事是否有所触动？这不仅是生活，这比生活更可贵——这是一次人生的胜利。

　　有这样一个新闻纪录片：

　　一个叫王林梅的女兵，当年在唐山大地震中受了伤，第三、四、五椎体错位，中枢神经受到严重创伤，导致全身性瘫痪，头部以下完全没有知觉。

　　可是她没有颓废，她一直坚持活着。她的生命永远固守着一个姿势——躯体只能伸展于一张床上，她以顽强的毅力一天天、一分分、一秒秒地挺了过来，度过了 30 年的病榻人生。

　　病榻上的她居然还能学会操作电脑，还能借助网络实现许多她原来认为不可能完成的愿望。于 2003 年初开始用电脑记录自己的人生故事，足足用了两年时间，终于完成了 16 万字的人生叙事——《期待每个黎明》，完成了一个顽强而又美丽的心灵对生命的阐述。

　　在记者采访她时，她说："与其这样每天悲惨或者不快乐地活着，

还不如把最美丽的生命展现给别人。"她不仅这样说，也这样做了。

王林梅又开始在电脑上创作她的新作品——《要活就好好活着》，文章每写完一个章节，她都会发到网上与网友共享。清新朴实而又富涵哲理的文风，受到网友好评，不少网友都在积极跟帖。

"死，是对生活的拒绝；活，是对生活的回报。"这是王林梅对新作《要活就好好活着》的诠释。

她爱美，即使致残，也无法泯灭她的这一天性。不论独处，还是在自己的居室里与人会面，她都特别注意自己的形象，头发总是梳理得利落别致，床边洁净平整，室内物品摆放有序，处处显示出主人昂扬向上的生活情趣。

她觉得人的一切都应该是美的，衣着、谈吐、风度、语言乃至思想，身体残疾绝不能成为不顾形象的理由。所以，她始终保持着从军时养成的良好习惯：按时洗漱，早晚刷牙，饭后漱口，每个星期五洗头、擦身、换衣服，定时更换床单被罩等。

无论谁来拜访，她都以饱满的精神状态示人，与人谈话时的语音、语调总是那样轻柔悦耳，她认为那是对来访者的尊重。

芝加哥大学校长罗吉斯曾说过关于如何获得快乐的问题。他说："我一直试着遵照一个小的忠告去做，就是'如果有个柠檬，就做柠檬水'。"其实，这是一种有信心的活法。

这是自信、快乐者的做法，而悲观者的做法正好相反。悲观者会发现生命给他的只是一个柠檬，他会自暴自弃地说："我垮了，这就是命运。我连一点机会也没有。"然后他就开始诅咒这个世界，让自己沉溺在自怜自悯之中。

有很多人在面对逆境的时候总是"怨天尤人"：不是抱怨机会不成熟，就是说条件太差……这样指责了一大堆的"不是"，不仅什么事情也没做成，还弄得自己心情不好。

第二次世界大战期间，一个名叫弗兰克的心理医生被关在纳粹集中营里。每当他遭受非人的折磨时，就想象着自己正在战后的讲坛上讲课，内容就是关于集中营里的心理学。此时，他所受的一切苦难煎熬，都成为心理学研究的课题。弗兰克就是用这种办法使自己超越困苦的境地、顽强地活了下来的，并且精神始终不垮，终于逃出集中营。

后来他说："人所拥有的任何东西都可以被剥夺，唯独人性最后的自由——也就是在任何境遇中选择处世态度和生活方式的自由——不能被剥夺……未经我允许，任何人都不能伤害我。"

列夫·托尔斯泰说："大多数人想改造这个世界，但却极少有人想改造自己。"

心若改变，你的态度就跟着改变；态度改变，你的习惯就跟着改变；习惯改变，你的性格就跟着改变；性格改变，你的人生也就会跟着改变。

心灵悄悄话

要培养能带给你平安和快乐的成功心理。当命运把我们放在逆境中时，让我们试着鼓励自己，在绝望中寻找希望，身虽不由己，但心却可由己。在生命中向世人宣扬"我自信故我在"。

信念可以激发潜能

在美国，有一个贫寒的家庭，福勒是这个家庭里的一个孩子。福勒一家一直过着很贫穷的生活。福勒的母亲经常说："我们的贫穷不是由上帝安排的，而是因为我们家庭中的任何人都没有产生过出人头地的想法……"

不甘与贫困为伍的福勒经常想起母亲的话："我们的贫穷不是由上帝安排的，而是因为我们家庭中的任何人都没有产生过出人头地的想法……"于是，渴望改变贫穷的信念在福勒的内心深处萌芽。

我们的贫穷是因为我们没有奢想过富裕！这个信念在福勒的心灵深处打下了深深的烙印，以致成就了他无比辉煌的事业。福勒改变贫穷的愿望像火光一样迸发出来——他挨家挨户出售肥皂达 12 年之久，并由此获得了许多商人的尊敬和赞赏。

之后，福勒不仅在最初工作的那个肥皂公司，而且在其他 7 个公司都获得了控制权。可以说，福勒获得了巨大的成功。他彻底改变了家庭的贫穷，扭转了家庭的命运。

一个名叫菲尔德的美国实业家曾因一个执着的信念——铺设一条横越大西洋、连接欧美两洲海底的电报电缆——而改变了世界历史的进程。

1937 年人类发明了电报，十几年后有人提出一项跨越大西洋的电缆计划。绝大多数人都认为这项计划是天方夜谭，可望而不可即。只有年轻的菲尔德对此计划充满着强烈的信念——他坚信这绝不只是梦想。为此，他把自己的全部精力和所有财产都贡献出来。他在那几年里横渡大西洋往返于两大洲之间达31次，经过两次失败。1858年7月28日晚，海底电缆发报成功。次日，欧美两洲沉浸在一片狂欢之中。

但就在此时，不幸的事发生了。电缆虽然接通，电传信号却不久又归于沉寂。于是人们由狂欢而转为对菲尔德的愤怒责难。菲尔德沉默了6年，1865年，不屈不挠的他又重新继续这项事业，并于1866年取得最后的胜利。

世界历史因菲尔德执着的信念而改变，不断改变的历史同样昭示了一个千古不变的真理：一桩奇迹或者一项非凡的事业要想获得成功，一个人对这一奇迹本身的信念往往是占第一位的。

信念是人对于现在或将来的某件事有把握的一种心理感觉，它是个性的内在心理倾向。比如，当你相信自己很聪明、很吸引人时，你说起话来便十分有力量：我认为我很聪明！念头是信念的最初形式，也就是说，念头只有在深信不疑的情况下才能转化为信念。

信念支配人的行为倾向和方向，具有指挥和导向作用；信念可以激发潜能，也可能毁灭潜能；信念对于人的成败至关重要，坚定的信念是成功的动力。

心灵悄悄话

哲人说：所有伟大的成就在开始时都不过只是一个想法罢了。无论追求财富或获取健康，无论谋求功名或寻找快乐，无论寻求利益或追逐自由，如要达到目的，首先必须要有一个强烈的愿望，并有锲而不舍地为之奋斗的信念。

培养信心力

信心力，就是拥有了有信心的能力。每个有信心力的人，都能成为他希望成为的人。

在一个小镇上，有一个外科医生，他以善做面部整形手术而闻名。他创造了许多奇迹：他把原本扭曲的面容医治到正常人的状态，他把许多面容丑陋的人变成面容美丽的人。

他对于五官的整形手法很娴熟，但还是有某些接受手术的人找他抱怨，说他们在手术后还是不漂亮，说手术没什么成效，他们自感面貌依旧，自卑的情结还是挥之不去。于是，医生悟到这样一个道理：美丽和丑陋与人的信心力有关系。美丽的人如果没有信心力，那他的优点就会被埋没。美丽和丑陋源于一个人如何看待自己。

一个人有自惭形秽的情绪，那他就不会成为一个美人；如果他不觉得自己聪明，那他就成不了聪明人；他不觉得自己心地善良，那他也就成不了善良的人。

正面与负面的暗示、积极和消极的暗示都会影响一个人的行为和举止。

我们每个人心目中都有各自为人的标准，我们常常把自己的行为同这个标准进行对照，并据此指导自己的行动。因此，我们要使某个人变好，就应对他少加斥责，要帮助他提高信心力，修正他心目中的做人标准。

如果我们想进行自我改造，我们就应首先改变对自己的看法，应多给自己积极的心理暗示。对于人的改造，要集中在内心世界，外因只有通过内因才能起作用。这是人类心理的一条基本规律。

信心力就是自己相信自己的能力，相信自己所拥有的能力、外貌、内在的气质等，相信自身的条件是优越的。通俗点讲，在结果还没有实现时，你先相信能达成，以至于最后让你看到结果作为回报，这就是信心力。

信心力是人生重要的心理状态和精神支柱，是一个人行动的内在动力，是自我成功的法宝。信心力能够使弱者变强，强者变得更强。

信心力是首先相信自己能行，然后体现在行为上，是一个从内在到外在的过程。只停留在内心的信心是自欺欺人的，信心力一定要表现在我们的行为中。

信心力作为一种心理素质，虽然不可能明确地写在每个人的脸上，但心理学家的研究表明，许多行为是和信心力相关联的。一个人要建立信心力，可以从以下几个方面来实现。

1. 勇敢地行动

勇敢是有信心的表现。有信心的人勇于在公众场合表达自己的意见，说话流畅，铿锵有力；勇于站在最前排，敢于拒绝他人过分的要求，在交流中能明确表达自己的意见和观点。

2. 尊重别人和自己

拥有信心力的人不会靠贬低他人、否定他人来确立自己的信心力。恰恰相反，他们会很尊重他人，尊重他人的意见，善于倾听，懂得尊重别人；当表达自己的观点、要求时，也尊重他人拥有的同样的权利；他们能够做到尊重事实，出现问题时对事不对人。

3.坦然地面对生活中的痛苦和快乐

拥有信心力的人往往心胸坦荡，在任何情况下都能坚持自己的原则，做到表里如一，一视同仁；承认自己不是最好的，与他人在观点上存在差异时能虚心接受批评，谦逊好学，不耻下问；能坦然接受他人的赞扬，也能正确面对生活中的顺境和逆境。

4.主动出击

这也是拥有信心力的人的一个行为特征。行为积极，乐于与人相处；有强烈的使命感、责任感和荣誉感；有创造机会和把握机会的意愿；懂得欣赏他人，能够认同别人的优点或成就，并真诚地赞美他人。面对生活与工作中的困难能主动出击，绝不回避。

5.客观地认识自己

要客观地认识自我，充分了解自己的能力、素质和心理特点，首先要有实事求是的态度，不仅要看到自己的长处，也要如实地看待自己的短处。培养信心力，就是要正确地评价自己，做到有自知之明。找到自己的长处和优势，就能激发自信心。

6.真实地肯定自己

信心力并不意味着不费吹灰之力就能获得成功，而是要从大处着眼、小处动手，脚踏实地、锲而不舍地奋斗拼搏，扎扎实实地做好每一件事，战胜每一个困难，从一次次胜利和成功的喜悦中找到自信心。

7. 用心欣赏自己

有时候，我们只顾欣赏别人却忘了欣赏自己，由此导致了丧失信心力，所以一定要学会欣赏自己，这样有利于信心力的培养。如何欣赏自己呢？就是把自己的优点一一列出来，提醒自己是一位有价值的人，让自己喜爱自己。回顾自己最满意的事情，告诉自己的良好感受："我能行！""我真棒！"

心灵悄悄话

一个人没有充分的信心力是很难取得成功的。信心力对于成功就好比水对鱼、天空对飞鸟一样重要。现在，越来越多的人注意到了信心力的巨大作用，人们也尝试着想尽一切办法来树立和增强自己的信心力。

相信自己会成功

每个人都经历过无数次的失败，当然，包括富人在内，他们的成功并不是一帆风顺的。没有人不想成为富人，但很多人在追求财富的过程中要么被困难打败，要么对挫折望而却步、半途而废。

如果换个角度来看，问题就不一样了：世界上根本就没有所谓的失败，而只有暂时的不成功。这正是富人的信条，因为在他们的字典里没有失败，所以他们才永不放弃，始终不懈努力。他们知道，不成功只是暂时的，总有一天他们会成功。

金融家韦特斯真正开始自己的事业是在17岁。那年，他赚了第一笔大钱，也第一次得到教训。那时候，他的全部家当只有255美元。他在股票市场的场外做掮客，在不到一年的时间里，就发了大财，一共赚了168 000美元。拿着这些钱，他给自己买了第一套好衣服，在长岛给母亲买了一幢房子。这个时候，第一次世界大战结束了，韦特斯以为和平已经到来，于是就拿出了自己的全部积蓄，以较低的价格买下了雷卡瓦那钢铁公司，结果经营失败了。韦特斯说："我犯了很多错。一个人如果说他从未犯过错，那他就是在说谎。但是，如果不犯错，那么我也就没有办法学乖。"这一次，他学到了教训。他说："除非你了解内情，否则，绝对不要买大减价的东西。"

他没有因为一时的挫折而放弃，相反，他总结出了相关的经验，并相信自己一定会再次成功。后来，他开始涉足股市，在经历了股市的成败得失后，他赚了一大笔。

1936 年是韦特斯最冒险的一年，也是他最赚钱的一年。一家叫普莱史顿的金矿开采公司在一场大火中覆灭了。它的全部设备被焚毁，资金严重短缺，股票也跌到了 3 分钱。一位名叫陶格拉斯·雷德的地质学家知道韦特斯是个精明人，就游说他把这个极具潜力的公司买下来，继续开采金矿。韦特斯听了以后，拿出 35000 美元支持开采。不到几个月，黄金被挖到了，离原来的矿坑只有 213 米。

这时，普莱史顿股票开始往上飞涨，不过，许多大户还是认为这种股票不过是昙花一现，早晚会跌下来，于是纷纷抛出原来的股票。韦特斯抓住了这个机会，买进了普莱史顿的大部分股票。

在人生的道路上，我们千万不要害怕失败，因为财富的获得是在失败中一点点积累的，很少有人会一夜暴富，而且，一夜暴富的财富也不会是长久的。

假如生活欺骗了我们，我们不要忧郁，也不要愤慨，而要憧憬着未来。现今是令人悲哀，不过一切都是暂时的。在曲折的人生旅途上，如果需要承受所有的挫折和颠簸，我们就要学会化解所有的困难与不幸，这样，我们的人生之旅才会更加顺畅、更加开阔。

凭着信心，即使面对黑暗与挫折，我们也能成功穿越。

相信上天赋予自己的是最美好的事物

信仰在一定程度上其实是一种身心的富足，它的前提是心存感激。感恩而又自然地接受自己的一切，充裕也好，困顿也罢，都应对明天充满期待。坚信自己会得到丰盛，那么我们便会真的得到丰盛。

每个人都有自己的任务与责任，在完成任务与责任的过程中，我们可以事无巨细地在日常生活中伴随着任务与责任来实现自己的理想。在实施某一任务时，我们可以尽自己的最大可能去与自然意志相融合，从而实现理想。

自信

困难会不断地出现，要想在困难中获得内心的平和，我们就要明白：生活的重要原则之一是，最重要的不是我们在做什么，而是我们如何去做。

从所有生灵的天性来说，所有的生灵都会趋利避害，遇到那些自己认为有害的事物，都会不自觉地回避，而另一方面又都会努力地寻找那些看起来十分美好而又有益的事物。所以，当遇到那些自己无法掌控的事物时，我们可能会在不知不觉中开始给这些事物定性：或善或恶。一旦养成了这种思考习惯，我们就会陷入嫉妒、纷争、失望、气愤与责备等负面情绪之中，并且会在这种消极的怪圈之中丧失自我，那样我们就无法继续对公认的目标保持忠诚，也无法忠诚于那些我们既定的旨趣。

忠诚于你所在的地方的习俗，就是要认真地遵守自己的家庭、国家和地方的习俗。这是我们融入自己所在团体的精神秩序的条件之一，也是人类最终愿望得以实现的条件之一。

全身心地投入自己所在的环境之中，关注当下各方面的问题。对于自己不喜欢的人、不喜欢的事、不喜欢的挑战，不要只是回避，而要学会回应。逃避只会为自己带来不必要的麻烦，恰当的、适时的反应，有益于化解矛盾，扭转事态。

心灵悄悄话

任何一件大事都需要时间来成就。我们要竭尽全力，对当前的一切都保留一份善意，把自己的意愿融入事物的规律之中，怀着信心，相信会有意外的平安与惊喜。

相信自己便有可能

"你想成为什么样的人，就能成为什么样的人"，这就是信念的力量。我们要经常用这句话来鼓励自己，直到它变成我们的一部分，成为习惯。

在有了一个明确的目标之后，我们便会在心里对自己产生一种坚定的信念，并且不断地激励自己朝着那个目标前进。只要我们觉得可能，梦想就会变成可能。

在法国富翁巴拉昂去世后，《科西嘉人报》刊登了他的一份特别遗嘱：我曾是穷人，但当我走进天堂时，我是一个大富翁。在跨入天堂之门前，我不想把我的致富秘诀带走。在法兰西中央银行，有我的一个私人保险箱，那里面藏有我的秘诀。保险箱的三把钥匙在我的律师和两位代理人手中。谁若能通过回答"穷人最缺少的是什么"而猜中我的秘诀，他将得到我的祝贺，他可以从那只保险箱里幸运地拿走100万法郎。

遗嘱刊出后，《科西嘉人报》收到大量信件，答案五花八门。一年后，也就是巴拉昂逝世周年纪念日，律师和代理人按巴拉昂生前的交代，在公证部门的监督下打开了那只保险箱。在48561封来信中，一位叫蒂勒的小姑娘猜对了巴拉昂的秘诀，答案是：穷人最缺少的是梦想，也就是成为富人的梦想。贫穷使他们安于现状，他们扼杀了自己成为富人的梦想，所以他们才会一次次地与财富失之交臂。

如果想摆脱目前的生活状况，我们首先要告诉自己我们会成为富翁，我们将要生活在富裕的环境中。确立了这样的信心后，我们要冷

静、坚定、自信地守护着自己的理想。只要我们相信梦想，也相信自己，梦想就一定会成为现实。

如果我们是自信的人，那么我们成功的可能性就会大为增加。当一个人对自己充满自信时，他会发现自己有了很大的转变：干劲增强了，自信心提高了，工作比过去做得更多、更好了，人际关系也朝着好的方向转变了等。当相信自己能行的时候，我们就会成为自己期待的样子。

有些人很平凡，他们觉得自己以后不会有太大的成就，只能碌碌无为。如果我们曾经有过这样的想法，那么，从现在开始就要改变。要记住——我们想成为什么样的人，就能成为什么样的人。

成就伟大事业的名人对自我都有一种积极的认识和评价，从而产生了一种相当的自信。这种自信是在认清自己的现状之后仍保持的一种昂扬斗志，是成功者必须依赖的精神潜能，也是对未来美好生活的一种信仰与期待。

这种自信、这种信仰与期待便是世界上我们最可依靠的力量，它能把我们从失意和自卑中挽救出来，能把更多的幸福与恩泽赋予我们。我们只要相信自己，积极而又充分地运用信念的力量，便能最大限度地激发自己，创造奇迹。

信仰净化我们的心灵

坚持信仰的同时其实我们正在创造新的生命和契机。透过信仰，我们能坚定自己积极的信念，净化自己的心灵，达到自助的目的。信仰其实是一种乐观的生活态度，一种积极的心灵状态。把信仰带入生活，我们便会实现幸福与自足。

一个灯塔守护人在一座孤岛上生活了将近 40 年。他还是一个毛头小伙子时，就随着伯父来到了这座孤岛上。白天，两人出海捕鱼；晚上，他们就燃起篝火，为过往的轮船引航。20 年后，伯父死了，他就一个人守护着孤岛上的灯塔。一个狂风暴雨的夜里，一艘客轮在灯塔的指引下，安全地停泊在孤岛避风处的港湾。船长上岸后，万分感激地对守塔人说："如果没有这座灯塔的指引，我这艘客船，还有满船的乘客，早就葬身海底了。作为感谢，我要带你离开这个地方，并且每月至少给你 2 500 美元的薪水。"

守塔人笑着摇摇头。

船长大惑不解："难道你不想过安逸的生活吗？"

守塔人平静地说："想！但这里就是我的岗位。10 年前遭遇风暴的船长和你一样，答应给我 3000 美元的薪水。假如我当时真的答应了他，离开了这里，那么后来的那些船只，包括你的客船，还能获救吗？"

船长十分感动，激动而又惭愧地拥抱着守塔人。

灯塔守护人在自己的岗位上拯救了一艘又一艘的航船，可是在面临现实的诱惑时，他只是忠于自己的思想，将自己的人生定位在为航船指引方向的位置上。他不为外界所动，按照自身的想法塑造着自己的崇高境界。

心灵悄悄话

真正地做自己，并不是为所欲为，而是要感受到内在的平安与幸福。坚持自己的信仰，积累正面的力量，让自己和真正的自己每天都在一起，这样我们才能活出最圆满的自己。

做自己情绪的主人

当前，越来越多的人意识到，良好的心理状态是人的一生中适应各种挑战的精神支柱，是保持良好生活质量的动力。那么，心理健康的标准是什么呢？智力正常是人正常生活最基本的条件，也是心理健康的首要标准。其次，就是对情绪的人为控制。人在生活中难免会遇到这样那样的事儿，这就要求个人能够协调和控制情绪，保持稳定和积极向上的心态，善于从生活中寻找乐趣，对生活充满希望。

生活中，往往会遇到这样的情况：被老板批评后，会懊悔许久；谈判失利，会变得沉默寡言，甚至否认自己的全盘努力；面对一些繁琐小事，时常会火冒三丈、暴跳如雷；平时看似很冷静，工作学习中遇到了意想不到的事情，却会变得头脑发懵、手忙脚乱不知所措……这是为什么呢？其实这些都是我们的情绪在作祟。情绪可催人向上，也可以使人陷入困境无法自拔。驾驭情绪，做情绪的主人是我们应该培养和锻炼的一种能力。

许多人都懂得要做情绪的主人这个道理，但遇到具体问题就总是知难而退："控制情绪实在是太难了。"言下之意就是：我是无法控制情绪的。别小看这些自我否定的话，这是一种严重的不良暗示，它真的可以毁灭你的意志，丧失战胜自我的决心。真正健康、有活力的人，是和自己情绪感觉充分在一起的人，是不会担心自己一旦情绪失控会影响到生活的，因为，他们懂得驾驭、协调和管理自己的情绪，让情绪为自己服务。

还有的人习惯于抱怨生活："没有人比我更倒霉了，生活对我太不公平。"抱怨声中他得到了片刻的安慰和解脱：这个问题，怪生活而不怪我。结果却因小失大，让自己无形中忽略了主宰生活的职责。人应该学会控制自己的消极情绪，调动自己的积极情绪，这样才能对工作充满热情，对生活充满自信，做事有效率。所以，要改变一下对身处逆境的态度，用开放性的语气对自己坚定地说："我一定能走出情绪的低谷，现在就让我来试一试！"这样你的自主性就会被启动，沿着它走下去就是一番崭新的天地，你会成为自己情绪的主人。

人的心理是通过各种活动形成和发展的，也通过日常活动表现出来。健康的心理表现为情绪稳定，积极向上，没有不必要的紧张感，主要的精力都放在工作、学习和生活中。尽管人的情绪难免有变化，但是，心理健康的人的情绪基调是轻松愉快的。这种人会工作、会生活，并且会从中得到乐趣。可以这样说，人的情绪就是一把生命之火，情绪越好，生命之火燃烧得就越旺盛。

一个能控制好自己情绪、心理健康的人能够体验到自己存在的价值，既能了解自己又能接受自己，有自知之明，即：对自己的能力、性格和优缺点都能做出恰当的、客观的评价；对自己不会提出苛刻的、非分的期望与要求；会给自己定切合实际的生活目标和理想。对自己无法补救的缺陷，能安然处之。因而，对自己总是满意的。同时，这种人会努力发展自身的潜能。

做情绪的主人就是要让愉快、乐观、开朗、满意等积极情绪在心中总是占优势，虽然也会有悲、忧、愁、怒等消极情绪体验，但一般不会让它长久地贮存于心中。要能适度地表达和控制自己的情绪，喜而不狂，忧而不绝，胜而不骄，败而不馁，谦而不卑，自尊自重，在社会交往中既不妄自尊大，也不退缩畏惧。要对自己能得到的一切感到满意，那么心情就总会是开朗的、乐观的。

人类和自己的情绪打交道是一种"全天候的活动"，因为许多事都会左右我们的心情。谁能把自己的理智思维和情绪一起"握在自己手中"，谁就掌握了一种最重要的心理能力，谁就搭上了积极的顺风

船，总有一天会航向彼岸。

奥托·瓦拉赫是诺贝尔化学奖获得者，他的成功过程极富传奇色彩。瓦拉赫在开始读中学时，父母为他选择了一条文学之路，不料一学期下来，老师为他写下了这样的评语："瓦拉赫很用功，但过分拘泥，难以造就文学之材。"

此后，父母又让他改学油画，可瓦拉赫既不善于构图，又不会润色，成绩全班倒数第一。面对如此"笨拙"的学生，绝大部分老师认为他成才无望。只有化学老师认为他做事一丝不苟，具备做好化学实验的素质，建议他学化学。这下瓦拉赫智慧的火花一下子被点燃了，终于获得了成功。

瓦拉赫的成功说明了这样一个道理：人的智能发展是不均衡的，都有智慧的强点和弱点，一旦找到了发挥自己智慧的最佳点，使智能得到充分发挥，便可取得惊人的成绩。后人称这种现象为"瓦拉赫效应"。

心灵悄悄话

一位哲学家说过："不善于驾驭自己情绪的人总会有所失。"良好的情绪可以成为事业和生活的动力，而恶劣的情绪则会对身心健康产生破坏作用。因而把自己的情绪升华到有利于个人社会的高度，乃是明智的良策。在情绪易于剧烈波动的时刻，应该保持清醒的头脑，告诫自己严防偏激情绪的爆发。人的情绪和其他一切心理过程一样，是受大脑皮层的调节和控制的，这就决定了人是能够有意识地控制和调节自己情绪的，故可以用理智驾驭情绪，做情绪的主人。

张弛有度，从紧张情绪中解脱出来

在现代社会生活中，心理上有一定程度的紧张是不可避免的。

我国古代流传着这么一则寓言故事：

一位技艺高超的教授弓箭的师父在传授徒弟射箭的技巧时问他的徒弟："你的臂力有多强？"徒弟说："七石的弓（古代以石论弓的强度），我常把弓拉满几个时辰都不放。"言语间自豪之情跃然纸上。"很好！现在我要你把箭射出去！看看你能射多远！"师父说道。

信心百倍的徒弟忙用自己拉满七石的弓，将箭射了出去。徒弟以为已经射得很远了，心想，师父一定会夸奖自己一番的。

师父看后，却没有说什么，而是也跟着射出一箭，用的是自己六石的弓，但是，却比徒弟射得远得多。

看着徒弟惊讶的表情，师父开口对徒弟说："强弓要虚的时候多，满的时候少，才能维持弹性，成为强弓。倘若弦总是被拉紧，就不可能射出有力的箭了。"

箭要想射得远，就要拉紧弦，但是拉得太紧，弦就会被拉断。人的精神也是这样，一味地将自己置于紧张的学习、工作之中，得不到丝毫的休息，使我们自身生理上和心理上都承受巨大的压力，那结果就事与愿违了。就如举重一样，超过自身的承受力就举不起来了。如果说人是一只皮球，压力就是注入皮球的气体，超过一定的量，必然会使皮球爆炸。人若承受不了压力，心情太过紧张，身心必然会出问题。

人们在日常生活中，经常会遇到各种各样的困难和障碍，为了解决问题，实现自己的目标，就必须克服困难。而困难的出现和克服，

会引起人内心的不安和紧张，严重时就会给人带来恐惧，形成焦虑。爱默生说："恐惧较之世上任何事物更能击溃人类。"有的人由于不知道心理紧张如何调控，出现了社会适应不良、生命质量下降的情况。

从生理心理学的角度来看，人若长期、反复地处于超生理强度的紧张状态中，就容易急躁、激动、恼怒，严重者会导致大脑神经功能紊乱。因此，人要克服紧张的心理，设法把自己从紧张的情绪中解脱出来。那么，如何才能掌握心理紧张的自我调控之法呢？

1. 不理睬外部的不良刺激

人陷入心理困境，最先也是最容易采取的便是回避法，躲开、不接触导致心理困境的外部刺激。在心理困境中，人大脑里往往形成一个较强的兴奋中心，回避了相关的外部刺激，可以使这个兴奋灶让位给其他刺激，引起新的兴奋中心。兴奋中心转移了，也就摆脱了心理困境。

2. 让自己放松

有位精神治疗专家曾说过："要在你的心灵寻找出'宁静房间'，这是任何人都需要的。"这里所谓的"宁静房间"，就是指要设法让自己尽量松弛。人在紧张的工作、学习之余，可以从事各种娱乐活动，调节自己的生活，让自己放松。不管白天的精神压力如何，夜晚的时候，一定要让自己保持心境平和，因为紧张会导致失眠，精神会因之更加紧张。

3. 遇事要保持镇静

如果在工作、学习中遇到难题或必须完成的紧急任务，首先应该稳住自己的情绪，保持镇静，先不必紧张，也不要急于求成，以免乱了方寸。进而要相信自己的能力，并对困难作出冷静的分析，制订出必要的应对方案。

4. 寻找新兴趣

美国心理学教授韩斯·施义博士说："不要把事情看得太严重，更不要把小事情弄得紧张兮兮的，否则，一旦养成这种习惯，紧张就

会越来越严重、厉害了。"所以，为了避免总是处在紧张之中，最好再寻找一些新的兴趣，改变一下日常生活，这对于驱除紧张也是很有帮助的。

必须说明的是，焦虑紧张时，不要迁怒他人。没有什么事可以比迁怒他人更损害自己的。因为，这只会导致更严重的情绪紧张。

心理学中所说的"齐氏效应"，是指人们因工作压力而导致的心理上的紧张状态。它来源法国心理学家齐加尼克的一个实验——"困惑情境"实验。

齐加尼克找来一批被试者，并将他们平均分成两组，然后要求他们在相同的时间里完成20项工作。其间，齐加尼克对一组受试者进行干预，使他们因被打扰而未能完成任务；而对另一组，齐加尼克则毫不干预，让他们顺利完成全部工作。

实验结果是，虽然这两组被试者在接受任务时都呈现一种紧张状态，但是，那些顺利完成任务者的紧张状态却逐渐消失了；而那些未能完成任务者的紧张状态却持续存在，他们的思绪依然被那些尚未完成的事情困扰着。这后一种情况便被称为"齐氏效应"，也叫"齐加尼克效应"。

它告诉我们：一个人接受一项任务，就随之产生了一定的紧张心理，这种紧张心理只有在任务完成后才会彻底解除。倘若任务没有完成，则紧张心理将持续不变。

心灵悄悄话

没有一定程度的紧张，就不会有学习和工作的业绩，人们就无法适应今天的社会生活。没有紧张，或者紧张过度都不会有好的业绩。我们要的是适度紧张，这就好像琴弦一样，过松奏不出乐曲，过紧则声音刺耳，甚至会崩断，只有松紧适度才能奏出悦耳的声音。

驱散飘忽的浮躁

在心灵深处，总有那么一种情愫使我们茫然不安，无法宁静，这就是浮躁。浮躁的特点有很多，总结起来主要是心神不宁，面对急剧变化的社会，不知所为，心中没底，恐慌得很，对前途无信心；焦躁不安，在情绪上表现出一种急躁心态，急功近利，在与他人的攀比之中，更显出一种焦虑不安的心情；盲动冒险，由于焦躁不安，情绪取代理智，使得行动具有盲目性。浮躁是一种冲动性、情绪性、盲动性相互交织的心理现象。

有一个年轻人，人际关系很好，待人接物宽容豁达。但是最近一段时间，每当他发现别人，特别是同事小张超过自己时，就会耿耿于怀，怕被比下去，工作时总是心浮气躁，静不下心来。后来，他终于找到了问题的根源所在，他觉得自己的争强好胜心理太强了，还有些嫉妒心，总是把得失、名誉看得太重，患得患失，工作时总是心有杂念，不能完全平静下来，致使内心越来越浮躁。

争强好胜、嫉妒都能使一个人的情绪不稳定，摆脱不了杂念，于是就会心浮气躁，情绪飘摇不定。浮躁的人一般容易见异思迁，他们做什么事情都没有恒心，不安分守己，总想投机取巧。人一旦浮躁，就会终日心神不宁，焦躁不安，长此以往，容易丧失收放自如的生命弹性。那么，如何才能驱走这种飘忽的浮躁呢？

1. 比较时要知己知彼

"有比较才有鉴别"，比较是人获得自我认识的重要方式，然而比较要得法，即"知己知彼"，知己又知彼才能知道是否具有可比性。

例如，相比的两人能力、知识、技能、投入是否一样，否则就无法去比，从而得出的结论就会是虚假的。有了这一条，人的心理失衡现象就会大大减低，也就不会产生那些心神不宁、无所适从的感觉了。

2. 要浇灭欲望

在很多时候，我们都急需在心中添把火，以燃起某些希望；而在某些时候，我们需要在心中洒点水，习惯等待，以浇灭某些急于求成的欲望……只要我们能够真正地静下心来，认真地去学习、工作，我们做得会比现在好得多。

3. 要有一个明确的目标

古人云："锲而舍之，朽木不折；锲而不合，金石可镂。"成功人士之所以成功的重要秘诀就在于，他们将全部的精力、心力放在同一目标上。许多人虽然很聪明，但心存浮躁，做事不专一，缺乏意志与恒心，到头来只能是一事无成。

4. 凡事不能急于求成

"拔苗助长"的故事大家都听说过，那个农民为了让禾苗快一些长高，辛辛苦苦累了一天把禾苗都拔高了一截，可是再去看禾苗的时候，禾苗都枯萎了。急于求成是永远不会获得想要的效果的，只有循序渐进才能获得最终的成功。任何事物都有它成长的自然规律，我们不可急于求成，要学会等待。

5. 要懂得坚持

很多人做事都是半途而废，在开始的时候是一腔热血，然后是热情消退，最后完全放弃。是什么原因让人们放弃的呢？因为很多人都不能坚持，面对困难或者失败，不能静下心来找原因想办法解决问题，却因为浮躁心理，选择放弃。

如果你想成就一番事业，那就必须静下心来，驱散浮躁心理，脚踏实地，摆脱速成心理的牵制，看清人生最根本的目的，一步一个脚印地走下去。只有这样，才能走向成功。

著名心理学家萨勒对一群都是 4 岁的孩子说："桌上放两块糖，

如果谁能坚持 20 分钟，等我买完东西回来，糖就给谁。但若不能等这么长时间，就只能得一块，现在就能得一块！"这对 4 岁的孩子来说，很难选择，每个孩子都想得两块糖，但又不想为此熬 20 分钟；而要想马上吃到嘴里，又只能吃一块。

实验结果：三分之二的孩子选择宁愿等 20 分钟得两块糖。当然，他们很难控制自己的欲望，不少孩子只好闭起眼来傻等，以抵制糖的诱惑，或者用双臂抱头不看糖，或唱歌、跳舞。还有的孩子干脆躺下睡觉，为了熬过那 20 分钟。三分之一的孩子选择现在就吃一块糖。实验者一走，1 秒钟内他们就把那块糖塞到嘴里了。

经过 12 年的追踪，凡熬过 20 分钟的孩子长大后都有较强的自制能力，自我肯定，充满信心，处理问题的能力强，坚强，乐于接受挑战；而选择吃一块糖的孩子长大后则表现为犹豫不定、多疑、妒忌、神经质、好惹是非、任性、顶不住挫折、自尊心易受伤害。这种从小时候的自控、判断、自信的小实验中能预测出长大后个性的情况，就叫"糖果效应"。

心灵悄悄话

浮躁的人对什么都浅尝即止。浮躁是一种相对的状态，再踏实的人也有浮躁的时候。浮躁心理是人们做事目的与结果不一致的常见原因。具有浮躁心理的人，一味地追求效率和速度，做起事来往往既无准备，也无计划。而踏实是一种同浮躁相对应的状态，是一种跟浮躁比较起来能够深入分析和脚踏实地的状态。

第二篇 >>>

信心源于不断积累

　　自信心并不是凭空而生的，而是一种不断累积叠加的强大精神力量。想要获得强大的自信心，首先就要检视自身的优点和缺点，摒弃缺点，发扬优点，努力用知识和行动经验填充自己的内心，正确看待成败得失，成功定位自己，不断学习和改进，提高自身能力。

　　信心就是不同于"不可阻挡"和"手足无措"之间的一种感觉。自我感觉深刻影响着别人对你自己的认知。认知是这样的事实——你越自信，越有可能成功。

如何才能增强信心

信心是所有成功人士必备的素质之一。要想成功，首先必须建立起自信心，而你若想在自己内心建立信心，即应像洒扫街道一般，首先将相当于街道上最阴湿黑暗之角落的自卑感清除干净，然后再种植信心，并加以巩固。信心建立之后，新的机会才会随之而来。

在现实生活中，或许我们会因为某一件极其微小的事情而情绪低落，对自己失去原有的信心，对生活充满自卑。自卑主要表现为对自己的能力、品质等自身素质评价过低；心理承受力脆弱；经不起较强的刺激；谨小慎微、多愁善感，常常产生疑忌心理上的自我消极暗示，它可以是偶然形成的，也可以是一段时间内形成的。如果因为自卑而给自己以至社会带来极大的负面影响，则应该自我反省，有意识地通过锻炼来增强自信心。

那么，我们怎样才能使自己最优秀呢？能移走一座山的是信心。信心不是希望，信心比希望更重要，希望强调的是未来，信心强调的是当下。信心不是乐观，乐观源于信心；信心不是热情，但信心产生热情。按照成功心理学因素分析，信心在各项成功因素中的重要性仅居思考、智慧、毅力、勇气之后。自信人生三百年，唯有有信心的人才会有所成就。

人的潜能是十分巨大的，在危难之际或者紧迫之时，人的潜能就可以爆发出来。曾有位诗人这样说："人类体内蕴藏着无穷能量，当人类全部使用这些能量的时候，将无所不能。"尽管诗歌往往源于一些超现实主义的，并有明显夸大之嫌。而这一句话的真实性却远远超

过我们最初对其所确认的真实程度。世间无人知晓人体内到底蕴藏着多少能量，但是即使所知的那些，对于最专注的人类行为观察家们来说也是不可胜数。这些能量中的相当一大部分都是超乎寻常的，退一步说，起码有一部分不同凡响，就使人们具有无止境的力量和潜能。那么，试想一下，当人能够发动全部能量的时候，一切会是怎样？

尽管影响有信心的很多因素都不能受人控制，但是你也可以坚持做一些事情以建立信心。采用以下 10 种策略，你可以获得激发潜能所需的精神优势。

1. 着靓装

尽管衣着不能决定一个人，可衣服的确是影响人的自我感觉方式。没有人比你自己更注意你的外表。当你的衣着看起来不太好时，你的行事方式以及和别人交流的方式就会改变。因而你可以通过好好打理自己的外表来增加自己的优势。很多情况下，常沐浴、修胡须，穿干净的衣服以及换个最新款式的打扮能帮助你取得重大的进步。

但这不是说要你花很多钱在穿着上。重要的准则便是"花两倍足矣，买一半也够"。与其买一大堆廉价衣服，不如多挑挑，只买一些高品质的东西。要长期坚持这种减少开销策略，因为相比廉价衣服，好的衣服不容易穿坏也不容易过时。少买点衣服还可以减少你橱柜的混乱程度。

2. 快步走路

告诉别人一个人自我感觉怎么样的最简单的方法就是看他走路。慢？疲倦？痛苦？或者精力充沛并且有目的？有信心的人走路都很快。他们知道自己要去什么地方，知道要去见什么人，并且有重要的事情做。即使你不着急，你也可以通过脚步的活力来增强信心。走快

25%可以让你看起来更加有信心，也让你自我感觉更加有信心。

3. 好的体态

同样，人们的体态都有一个故事。耷拉着肩膀、无精打采的人看起来缺乏信心。他们对自己所做的事情没有热情，也不认为自己很重要。拥有好的体态，你自然而然就会感觉更自信。挺胸抬头，眼睛直视前方，你将给人一个好的印象，立马觉得更警觉更有力量。

4. 个人商业广告

建立信心最好的方法是听励志的演讲。很不幸，听一个好的演讲的机会难得。但是你可以通过商业广告来填补这个空缺。写一个约30到60秒的能表达你力量和目标的演讲稿。一旦你感觉需要信心助你向前时，就在镜子面前大声朗读（如果你喜欢的话也可以在心里读）。

5. 感恩的心

当你过分注意你想要得到的东西，脑子里就会有很多理由——你为什么需要它。这样会导致你细想自己的弱点。避免这点最好的方法便是一直持有一颗感恩的心。每天花一些时间在脑子里列出你所需要感恩的所有事情。回想自己过去的成功，独有的技能，来自各方面的爱，还有积极的动力。你可能会为自己拥有这么多适合自己的事物而感到震惊，更会有动力朝成功迈向下一步。

6. 赞美他人

当我们消极地评价自我时，通常情况下我们也会喜欢对他人闲言

闲语甚至充满侮辱，将这种消极的感觉推己及人。为打破这种消极的循环，我们需要养成一种赞美他人的好习惯。不要对别人造谣中伤，而应该称赞身边的人。在这个过程中，你将变得招人喜欢，还能建立信心。通过看到旁人最好的方面，你将直接激发自己最好的一面。

7. 坐在头排

在学校，办公室以及世界其他的公共集会中，人们总是争取坐到屋子的最后面。大多数人喜欢后排因为他们害怕被人注意。这表明人们缺乏信心。如果你坐在前排，你可以抛开这种毫无理性的恐惧并建立信心，你也将更容易被在前面说话的重要人物注意到。

8. 大声说话

在团队讨论中，很多人从来不发言，因为他们害怕别人觉得自己说的话让人觉得他们很笨。这种恐惧并不对。一般而言，人们的承受力比想象得更强。事实上大多数人都在和同样的恐惧做斗争。只要努力在每个团队讨论中大声说出自己的想法，你就可能成为一个更好的公共场所发言者，对自己的想法也会更有信心，并会被公认为同类的领导。

9. 体育锻炼

沿着个人外表的思路，能推出健康的身体对信心影响甚大。如果你身材走样，你会感觉不安全，且精力不足。通过体育锻炼，能塑造体形，让自己充满精力，积极地做好事情。科学地锻炼身体不仅让你感觉更好，还能在未来的日子创造积极的动力。

10. 关注贡献

我们太过注重自我欲望的满足。我们太过关注自我而很少关心他人的需求。如果你停止考虑自己且专注于自己对这个社会的贡献，你就不会如此担心自己的缺点了。这样可以增加信心，能让你最有效地为社会做贡献。你对社会的贡献越大，你所获得的个人成就和赞誉就越多。

心灵悄悄话

你的自我感觉会在很大程度上影响着别人如何看待你。在很多人前不发言，怕被人说自己笨，其实你低估了自己的承受力；当你过分注意你想要得到的东西，脑子里就会有很多理由来说明你为什么需要它，这样会导致你细想自己的弱点；坐在前排，并不一定能带来多大好处，但它确实能表明你已经克服自己的恐惧。

第二篇　信心源于不断积累

41

别让自信变为自负

自信与自负，虽然只是一字之差，但却是两种截然不同的人生观。在字典里，自信被解释为"相信自己"；自负的解释则是"自以为自己很了不起"，很难和自己的想法、行为方式及表现不同的人相处，总是觉得自己的方法才是最正确的，希望他人都以自己为标准。因此，如果自信把握不好，便会过了头，就很容易形成自负。

曾有这样一个故事：有一个人，生来就跑得特别快，常常被称为"飞毛腿"，而他也经常以此在人前夸耀。

有一天，这个人的家里东西被盗了，他就连忙跑去追贼。看到贼的背影时，他高喊道："别跑了，你说什么也跑不过我！"没多久，他果然赶过了贼，但他并没有停，还是一个劲地跑了下去。

半路上有人问他跑得这样急干什么，他说追贼。又问他，贼往哪里跑了，他得意地说："我早就赶过他了，看，现在连他的影子也看不见了！"

相信我们看了这个故事都会笑那个人太愚蠢。一个人有充分的自信是优点，但如果自信过分就成了自负了。

自负的人，一般无论在什么样的情况下，都会习惯地以自我为中心。他们的态度总是要求其他人都能够保持与自己一致，他们希望能得到大家的赞同甚至仿效自己的想法、观念以及行为方式，他们几乎将自己的言行视为世间的唯一标准，因而他们总是认为自己就是他人心目中的榜样。

但事实并非如此，因为每个人的特点都是不相同的，不可能存在两个完全一样的人，因而就算你身上充满许多优点，也不可能让其他人都跟你保持一致。要知道，他人身上也有许多他们各自的优点，你之所以要求他人都跟你一样，是因为你根本就没有看到他人身上的优点，你是以自己的优点去对比他人的缺点的，所以你才会有自视自傲这种心理。

从某种意义上来讲，感性，通常是自负的人所具有的，他们仅仅通过感觉、知觉、表面等认识的基本形式，对事物或形势所进行的表面性判断，不着实际地、自以为是地相信自己，而最后的结果往往与预期相差甚远，甚至截然相反。

有信心的人则通常是理性的，他们能够在感性认识的基础上借助思维、判断、推理形成对事物本质和内部联系的正确认识，继而找到解决问题的正确方法。自负和有信心的本质差别在于意识形态。自负的人妄想以自己客观的思想、意识来影响甚至主宰事物；而有信心的人则不盲从，不臆断，实事求是。

自信与自负，就像世界观、人生观会在一个人的不同阶段不同境遇发生改变一样，能够在一定条件下转换位置。比如"任我行"，《笑傲江湖》中不可或缺的枭雄人物，在刚开始被东方不败陷害关入地牢后，他一直是充满信心的，他的信心源于对邪不压正的信心，所以他始终没有放弃自己的信念，终日苦练武功，最终挣脱牢笼，重回教主宝座。但重新夺回教主宝座的任我行，野心在他的心中也开始膨胀，信心而随之变成了自负，他妄图"千秋万载，一统江湖"，最后终因心力交瘁走火入魔而一命呜呼。

其实，在现实中，由自信转而自负，从谦虚谨慎走向狂妄自大的，也大有人在。这些人，会因为一点微不足道的成绩而沾沾自喜、目中无人，会在经历了一段辉煌荣耀之后忘乎所以，从而不可避免地朝自负的歧途走去，从此变得目中无人自以为是，殊不知，自己曾经

的光辉早已在不知不觉中黯淡下去了。

有信心的人，才是一个真正有灵气的人。他会为自己预定的目标坚定地走下去，认真地学习，认真地生活。而自负的人，往往被虚荣的东西蒙蔽了眼睛，不能看清周围的所有事物与前进的方向，最终走向堕落。因此，在现实生活中，我们要养成自信的好习惯。

我们可以把人生比作是一场永不停歇的赛跑，我们要保持永远的清醒与自信，在与对手甚至是与自己的竞赛中，不要被暂时的胜利冲昏头脑，也不要因为些许坎坷而气馁。人生没有绝对的成功与失败，大多时候，成功与失败仅仅一步之遥，同样也是比邻而居的。

只有有信心的人，才懂得听取别人的意见并加以分析，吸取别人好的东西为自己所用。只有有信心的人，才能恰如其分地处理好与别人的关系，从而与别人和平共处。

我们不要做自负的人，自负的人在困难面前只会一味地钻牛角尖或犹豫不定，止步不前。我们要做有信心的人，遇到困难时，冷静地思考，分析困难出现的原因，找出解决困难的方法。只有这样，我们才能自尊、自重、自强不息。

心灵悄悄话

信心，是做好每一件事的基础。相信自己，但不要盲目地相信，而应根据自身的实力，把目标定得合适，完成的条件也恰到好处，那么，成功才会慢慢地靠近你。

攥紧信念的"苹果"

很多时候，打败自己的不是外部环境，而是你自己本身。

一场突然而至的沙尘暴，让一位独自穿行大漠的人迷失了方向，更可怕的是连装干粮和水的背包都不见了。他翻遍所有的衣袋，只找到一个泛青的苹果。

"哦，我还有一个苹果。"他惊喜地喊道。

他攥着那个苹果，深一脚浅一脚地在大漠里寻找着出路。整整一个昼夜过去了，他仍未走出空阔的大漠。饥饿、干渴、疲惫，一齐涌上来。望着茫茫无际的沙海，有好几次他都觉得自己快要支撑不住了，可是看一眼手里的苹果，他抿抿干裂的嘴唇，陡然又添了些许力量。

顶着炎炎烈日，他又继续艰难地跋涉。3天以后，他终于走出了大漠。那个他始终未曾咬过的青苹果，已干巴得不成样子，但他还宝贝似的攥在手中，久久地凝视着。

在人生的旅途中，我们常常会遭遇各种挫折和失败，会身陷某些意想不到的困境。这时，不要轻易地说自己什么都没了，其实只要心灵不熄灭信念的圣火，努力地去寻找，总会找到能渡过难关的那"一个苹果"。攥紧信念的"苹果"，就没有穿不过的风雨、涉不过的险途。

同样是一个穿行沙漠的故事：有两个人结伴穿越沙漠。走到半途，水喝完了，其中一人也因中暑而不能行动。同伴把一支枪递给中暑者，再三吩咐："枪里有5颗子弹，我走后，每隔两小时你就对空

中鸣放一枪，枪声会指引我前来与你会合。"说完，同伴满怀信心找水去了。

躺在沙漠里的中暑者却满腹狐疑：同伴能找到水吗？能听到枪声吗？他会不会丢下自己这个"包袱"独自离去？

暮色降临的时候，枪里只剩下一颗子弹，而同伴还没有回来。中暑者确信同伴早已离去，自己只能等待死亡。想象中，沙漠里的秃鹰飞来，狠狠地啄瞎他的眼睛，啄食他的身体……终于，中暑者彻底崩溃了，把最后一颗子弹送进了自己的太阳穴。

枪声响过不久，同伴提着满壶清水，领着一队骆驼商旅赶来，找到了中暑者温热的尸体。

中暑者不是被沙漠的恶劣环境吞没，而是被自己的恶劣心境毁灭。面对友情，他用猜疑代替了信任；身处困境，他用绝望驱散了希望。

所以，人在任何时候都不应该放弃信念和希望，信念和希望是生命的维系。只要一息尚存，就要追求，就要奋斗。其实，大自然始终在启迪着人们——在春花秋叶舞蹈般潇洒的飘落里，蕴含着信念和希望；巨大岩石的裂缝中钻出的小草，昭示着信念和希望，不断被山风修改着形象的悬崖边的苍松和手心水中的明月无不向我们展示着信念和希望。朋友，在任何时候，无论处在什么样的境遇，请不要放弃希望和信念。

心灵悄悄话

如果你的心灵已太久不曾有过渴望的涌动，请你将它激活，让它焕发健康的亮色。无论面对怎样的环境，面对再大的困难，都不能放弃自己的信念，放弃对生活的热爱。因为很多时候，打败自己的不是外部环境，而是你自己本身。

唤醒你心中沉睡的巨人

人的潜能总是能够一个接着一个地突破。

成功者总是重复着这样的主题："我想我能，我想我能。"人们常常在自己生活的周围筑起界线，要么他们就生活在别人强加给他们的局限里。这些局限通常是家人、朋友强加的，有些是自己强加的。

有一个故事讲：

美国俄克拉荷马州的土地上发现了石油。该地的所有权属于一位年老的印第安人。这位老印第安人一生都生活在贫穷之中，一发现石油以后，顿时变成了有钱人。于是，他买了一辆卡迪拉克豪华旅行车。每天他都开车到附近的镇上。他想看到每一个人，也希望被每个人所看到。他是一个友善的老人，当他开车经过城镇时，会把车一下子开到左边，又一下子开到右边，来跟他遇见的每个人说话。有趣的是，他从未撞过人，也从未伤害过人。这并不是他驾驶技术高超。理由很简单，在那辆大汽车正前方，有两匹马拉着。

当地的技师说那辆汽车一点毛病也没有，这位老印第安人永远学不会插入钥匙去开动引擎。虽然汽车有一百匹马力，可是许多人都误以为那辆汽车只有两匹马力而已。

现在的科学表明，一个人的一生，所开发使用的能力是其本身所拥有的2%~5%。问题的关键不是我们笨，而是我们要学会"插入钥匙去开动引擎"，调动我们内在的能力去为我们创造一个更美好的

未来。人类最大的悲剧是对自身资源的浪费。

我们身处在光明之中，以为自己是清醒的，而实际上则是在酣睡。等到梦醒了，才觉察到原来已经天黑。天黑了，我们什么也做不了，只有不断地反省，不断地伤心，迎接光明的到来。

我们不能再在光明中酣睡，要唤醒自己，战胜自己，和自己赛跑。

安东尼·罗宾告诉我们，任何成功者都不是天生的，成功的根本原因是开发了人的无穷无尽的潜能。只要你抱着积极心态去开发你的潜能，你就会有用不完的能量，你的能力就会越用越强。相反，如果你抱着消极心态，不去开发自己的潜能，那你只有叹息命运不公，并且越消极越无能！每一个人的内部都有相当大的潜能！爱迪生曾经说："如果我们做出所有我们能做的事情，我们毫无疑问地会使我们自己大吃一惊。"

在 20 世纪的美国演艺史上，又能演又能唱的芭芭拉·史翠珊拥有崇高的地位，被称为美国娱乐界一个活着的传奇。芭芭拉·史翠珊年轻时不断追求影视艺术上的成功，当时她希望有人能让她上台。但他们都拒绝了她，并强调地说道："你，也想当明星？也不听听你那口音，再瞧瞧你那鼻子！"她怒冲冲地向他们说道："你们会遗憾的！走着瞧，你们会遗憾的！"后来，事实证明那些导演们判断失误。

这一切就因为她藐视自己的缺陷。你能超越你的缺陷吗？美国小男孩富兰克林·罗斯福就能。

8 岁的富兰克林·罗斯福是一个脆弱胆小的男孩，脸上显露着一种惊惧的表情。他呼吸就像喘气一样。如果被喊起来背诵，立即会双腿发抖，嘴唇颤动不已，回答得含糊且不连贯，然后颓废地坐下来。同时，他还长有龅牙。富兰克林·罗斯福虽然有缺陷，但他从不自怜自艾，相反，他相信自己，他有一种积极、奋发、乐观、进取的心态，激发着他的奋发精神。

他的缺陷促使他更努力地奋斗。他不因为同伴对他的嘲笑便减低

了勇气，他喘气的习惯变成一种坚定的嘶声。他用坚强的意志，咬紧自己的牙床使嘴唇不颤动而克服他的惧怕。他就是凭着这种奋斗精神，凭着这种积极心态，而终于成为美国总统。在他的晚年，已经很少有人知道他曾有严重的缺陷。美国人民都爱他，他成为美国一个最得人心的总统，这种情况是以前未曾有过的。

他的成功是何等神奇、伟大。然而先天加在他身上的缺陷又是何等的严重，但他却能毫不灰心地干下去，直到成功的日子到来。

罗斯福成功的主要因素在于他的努力奋斗和自信自强。更重要的是他从不自怜自卑，他相信自己，不低估自己的潜能。

越研究那些有成就者，就越加深刻地感觉到，他们之中有非常多的人之所以会发挥潜能获得成功，是因为他们开始的时候有一些会阻碍他们发挥潜能的缺陷，促使他们加倍地努力而得到更多的报偿。正如有人说："我们的缺陷对我们有意外的帮助。"不错，很可能密尔顿就是因为瞎了眼，才写出这么好的诗篇来，而贝多芬就是因为聋了，才作出这么好的曲子。

海伦·凯勒之所以能有光辉的成就，也就是因为她的瞎和聋。

如果柴可夫斯基不是那么痛苦——而且他那个悲剧性的婚姻几乎使他濒临自杀的边缘——如果他自己的生活不是那么的悲惨，他也许永远不能写出那首不朽的《悲怆交响曲》。

如果陀思妥耶夫斯基和托尔斯泰的生活不是那样曲折，他们可能也永远写不出那些不朽的小说。

心灵悄悄话

自己要唤醒自己，唤醒自己曾经苦苦坚持的理想，唤醒自己被岁月轻易改变的心灵。要靠自己鼓励自己，靠自己激励自己。每个人心中都有一个巨人，要想成功，就一定要在适合的时候唤醒他。

像理想中的自己一样思考行事

在建筑工地，有人问三个工人："你们在做什么？"

第一个工人表情地回答："砌砖。"

第二个工人说："挣钱，养家糊口。"口气中透出无奈。

第三个则兴奋地说："你问我啊？那我告诉你，我正在建造世界上最雄伟壮丽的教堂！"

这一故事至少给我们以下启示——

启示一：目的不同，心情也不一样。

启示二：伟大出于平凡。再富丽堂皇的建筑也都是由一块块独立的砖石砌成的。砖石本身并不美观，成功的生活也是如此。

这三位工人之所以回答不同，最根本的原因就是他们对自己的定位不同。第一个工人只是把自己当一个要养家的角色对待，由此可知，工作对他们是一种重负，而且是一种痛苦，是一种必须忍耐的事情。这样，他们对自己的工作便毫无热情和积极性，更不可能有创造性，其效率可想而知，其命运也可想而知——很可能一生原地踏步，不会取得更大的成就。虽不喜欢自己的工作，但也只能干这样的工作。

第三位工人富有远见，他给自己的定位很有可能是一名建筑师，或是承包商，或其他成功的角色。他热爱现在的工作，一定会卓有成效，也会很有创意，结果很可能是继续往上发展，去干更富有创意的工作。

生活的辩证法就是这样：你越不爱干的，你越不能避免；你越爱干的，你越能升迁。

你认为自己是什么角色，你就会像这个角色一样思考，在生活和工作中，你就要时时刻刻把自己定位成这样的角色，并时刻问自己：我这样做像他吗？最终你就会成为这样的角色。比如：

早晨该起床时，你想睡一会儿懒觉，你马上问自己：他会睡懒觉吗？他不会，那我也不会。于是，一跃而起。

出门之前，对镜自照，问自己：我打扮得像个自尊自重的人吗？

言行举止：是否像他一样庄重大方、从容不迫？工作态度：是否像他一样积极主动、全力以赴？为人处世：是否像他一样宽容大度、平易近人？诸如此类，点点滴滴，处处以理想角色的标准告诫自己、要求自己，肯定会不同凡响，终成大器。

罗杰·罗尔斯是美国纽约州历史上第一位黑人州长。他出生在纽约一个声名狼藉的贫民窟，从小就生活在一种肮脏的、充满暴力的环境中。那么，是什么唤醒了他的心智，激发了他的能力，使他走出贫民窟，成为纽约州州长的呢？

是老师充满肯定的预言式的暗示，在罗杰·罗尔斯幼小的心灵里播下了自信的种子。

一天，当罗杰·罗尔斯又像以前一样从窗台上跳下来，伸着污黑的小手走向讲台时，他的老师并没有指责他，而是当着全班同学的面，亲切地对他说："我一看你修长的小拇指，就知道将来你准是纽约州的州长！"

这句话令罗尔斯大吃一惊，因为他长这么大，只有奶奶让他振奋过一次，说他可以成为五吨重小船的船长。这一次，老师竟说自己能成为纽约州的州长，难道真的会这样吗？这太令人振奋了。于是，罗尔斯记住了这句话，并且对之深信不疑。从此，他便以未来州长的角色要求自己。他的衣服不再沾满泥土，尽管破旧，但尽量穿得整整齐

齐；说话时也不再夹杂污言秽语，谈吐尽量文雅；学习开始用功，成绩日渐进步；他腰杆变直了，胸挺起来了，头也抬起来了。在以后的40多年里，他没有一天不是按着心目中州长的标准要求自己。

51岁那年，他终于成为纽约州长。在就职演说中，他对这位给他信心的老师表达了深深的感激之情。他感慨道："信念值多少钱？信念是不值钱的，它有时甚至是一个善意的欺骗。然而，你一旦坚持下去，它就会迅速升值。"

人性深处最深切的渴望，就是渴望别人的赞美。你要别人具有怎样的优点，你就怎样去赞美他。这位老师深谙赞美之道，他并非算命先生，他只是想给生活在贫民窟里的孩子树立一下信心，不希望他们破罐子破摔。然而，就是这么一句赞美性的暗示，却改变了一个人的一生。

我们不妨更深入地想一想：与其要别人来肯定自己，我们为何不自己来肯定自己呢？

其实，正如西方一位著名心理学家所说的：我们每个人都随身带着一种看不见的法宝，它的一面写着"积极心态"，另一面写着"消极心态"。自信的积极心态可以使你达到人生的顶峰，自卑的消极心态则会使你跌入不幸的深渊。

心灵悄悄话

当你看到一位样样出色、处处都高人一等的风云人物时，要立刻提醒自己，那么优美的风度并不是天生的，也不是一下子就养成的，而是天长日久点点滴滴方方面面许许多多的自我修炼造就的。

做人切记自尊不自大

你和我可能不是总统或总理，不是帝王或王后，不是球星或影星，但作为我们自己而言，我们每一个人都是十分独特的人，与众不同！都是上帝的杰作，你是，我也是！

上帝从不偏心，他用同样的黏土捏成了我们。我们都是平凡的，因为我们是用同样的黏土捏成的；我们又都是不平凡的，因为我们都是上帝捏成的。

人人天生平等，因此，你用不着仰视任何人，当然，你也不应该鄙视任何人。你自尊，也懂得应尊重别人。

美国著名行为科学家丹尼斯·韦特莱博士，在一个帮助青少年树立自尊心的研讨会上，请出 8 位自愿者，请他们在课堂前站成一排，发给他们每人一张"身份卡"，让他们挂在脖子上，要求他们把自己想象成卡片上的身份。这些身份是：婴儿、母亲、太空人、工友、摇滚歌星、棒球选手、医生、律师。然后要求他们按自以为重要的次序排成一排。

结果，这 8 个学生为了排序，你推我挤的，展开了一场严肃的"身份争夺"战。个个都要争先，人人都自以为最重要。

"太空人"首先站在排头，宣言道："我应该排在最前面，因为我比你们见多识广。我去过的地方，你们谁也没去过。此外，我还将为全人类寻找另一个可以居住的星球，因为地球现在太拥挤了！"（台下学生纷纷鼓掌）

"摇滚歌星"走了上来，把"太空人"挤到第二位，宣言道："我赚的钱最多，我可以把'太空人'买下来，担任我私人飞机的驾驶员。"（台下学生发出欢呼声）

"棒球选手"走了上来，站在前头说："我赚的钱更多，我的身体最棒，我才应该排在第一位！"（更多的欢呼声）

"医生"也走到排头，宣言道："我是你们健康的守护神，我最重要，所以我要排在第一位。"（掌声不多）

"律师"走上前来，说："我最重要，因为我能使你坐牢，或使你不必坐牢，你们必须把所有钱拿来付给我。"（欢呼）

"母亲"也走上前来说："我才是真正最重要的。因为是我把你们所有人带到这个世界上来的。"（掌声不多）

"婴儿"也不甘示弱，走上前说："我应该排在第一位，因为我们所有的人都曾经是婴儿。然后，我们才能成为母亲，或成为任何人。"（鼓掌声）

只有"工友"不声不响。就像每次玩这种游戏一样，扮演"工友"的学生，总是退居人后，甘拜下风。因为他担心，不论他的宣言多么的理直气壮，都会惹来哄堂大笑。虽然只是游戏，但"工友"这一身份暗示，让扮演者丧失了信心、自尊和勇气。

在这8名自愿者回到自己的座位之前，丹尼斯·韦特莱博士郑重地对他们说："我希望你们根据各自的重要性来安排自己的位置，但我不是要你们像这样互相争抢的争王称霸。来，现在你们手拉手，围成一个互相尊重的圆圈，站在大家面前！"8名自愿者手拉手，站成了一个圆圈。

博士说："同学们一定要记住：永远不可能有哪个人比其他任何人更重要！不管他是什么身份，不管他长相如何！你们之中的每一个人，都和其他任何一位具有同等重要的价值！"

博士的话，让同学们如沐春风，如饮甘露。对他们的耳朵来说，这是一首清新的音乐；对他们的眼睛而言，这是前所未见的景象。下课后，孩子们纷纷前来对博士说，除了在教堂之外，他们从来不曾听到过这样的话。

其实，很多的成年人也未必听到过这样的话吧，也未必有过这样的认识吧。

在这个物欲横流、喧嚣浮躁的现代社会，很多人都是以自我为中心，这种现象叫"自大"。

从以"我"为中心的现状，变成以"我们"为中心的时代，尚需一段漫长的历程。

健全的自尊与虚浮的自大，有着天壤之别。

心灵悄悄话

一个有信心的人，同时也一定是一位自尊的人。不论你有着怎样的父母，不论你是什么肤色，不论你来自哪个国家，不论你属于哪个民族，不论你是男人还女人、老人还是小孩，不论你是丑陋或者残疾，既然上帝把你降生到这个世界上，你就不比任何人低贱，当然，你也不比任何人高贵。

为自己加油喝彩

有一位美国专栏作家，他主要靠为报刊写稿来维持生存。为了战胜自己的惰性、培养自己的意志力，他给自己制定了一个目标：每周必须完成两万字的文章。达到这一目标，就去附近的中国餐馆犒劳自己一顿；超过了这一目标，便安排自己去海滨度周末，享受良宵美景。于是，在美国唐人街和海滨的沙滩上，常常可以见到他怡然自乐的身影。

很多人做事，都需要别人的鞭策和鼓励；很多人成功，都需要别人的喝彩和赞美。其实，有着独立、自信人格的人，别人的毁誉都不重要，重要的是自己为自己喝彩、自己赞美自己。美国女演员露丝·戈登就经常为自己喝彩，她说："一个演员需要别人的恭维。当我很久没有得到别人的颂扬时，我会自我恭贺，因为我清楚这些恭贺毕竟是真挚的。"

为何许多权倾一时的高官退位后，会沮丧甚至患上绝症？为什么许多名噪一时的歌手会吸毒甚至自尽？究其原因，就是因为：他们的自我总是要在别人的喝彩仰慕中才能体会到欢乐，他们的成功永远需要别人的掌声来肯定。他们没有自我，总是追逐虚荣之我；他们没有内心的欢乐，总在寻求外在之乐。由于他们从未听到过来自自己的掌声，所以一旦大权旁落、退出舞台、孤独自处的时候，就会觉得自己已被世人抛弃，从而突感凄凉，顿觉空虚，丧失自我，再也找不到北了！

学会为自己喝彩，坚持对自己说行！

他人对我是褒是贬无足轻重，我自己对自己的评价才是唯一有价值的。如果我自卑，他人也会跟着轻视我；如果我自信，别人也会理所当然地重视我。

　　活出个样来给自己看
　　每一天哟每一年
　　急匆匆地往前赶
　　哭了倦了累了你可千万别畏难
　　是路它就免不了有沟沟坎坎
　　就看你怎么去闯每一关
　　活出个样来给自己看
　　千难万险脚下踩啥也难不倒咱
　　只要你的心中有情有爱
　　风里走雨里钻
　　高山峻岭也敢攀

这首沧桑、坚毅而豁达的《活出个样来给自己看》，是电视剧《马大帅》的片尾曲。词作者是沈阳市铁西区 22 岁的残障女孩单丹。

单丹出生在黑龙江省富锦市向阳川镇，2 岁时患上了脊髓血管病，从此，就只能坐在轮椅上生活。受父亲的影响，单丹从小就热爱音乐。在自家的小院里，她常伴着父亲的二胡和竹笛，快乐地唱着父亲教的歌谣。1994 年单丹报名参加第二届全国残疾人歌手大赛，获得了优秀奖。父亲见她有培养前途，便把家搬到沈阳，送单丹去学唱歌。经过一段时期专业训练，她的演唱水平便有了很大提高。

1995 年 7 月 3 日，13 岁的单丹便在沈阳市的一家歌厅开始了她的歌手生涯。1995 年 8 月 26 日，坐在轮椅上的她正在歌厅全身心地演唱《让我轻轻地告诉你》时，著名笑星赵本山和范伟等人走了进来。赵本山为她优美的歌声所打动，歌唱完后，他在歌厅经理的陪同

下走上前去，俯身轻声地对单丹说："你是一个好孩子！喜欢唱歌就好好唱，你一定要快乐地生活。"并在单丹的笔记本上题下"自强不息"四个大字。以后，赵本山每次来歌厅，都和单丹聊一会儿，鼓励她快乐坚强地面对生活，鼓励她尝试着自己填词作曲，争取做一名创作型歌手。

2003 年 10 月初，赵本山特意请单丹为《马大帅》谱写片尾曲的歌词。经过赵本山的启发，单丹结合自己的苦难经历和人生感受，写出了这首脍炙人口并富含人生哲理的《活出个样来给自己看》。

单丹深有体会地说："也许很多人是活给别人看，我却认为活出个样来给自己看才是一种真实的人生。有些人在别人看来很幸福，但可能他内心一点也不快乐；相反，有些人在别人眼里可能很不幸，但是他的内心充满阳光。只有自己觉得幸福，才是真正的幸福。这首歌就是要告诉人们如何看待生活的挑战，如何求得内心的富足和平静，我想这也是电视剧最终要告诉人们的东西。"

苦难使人奋发，苦难使人顽强，苦难促人进取，苦难令人深刻。年轻的单丹用她不长的人生经历，就悟出了很多人一辈子也悟不透的人生真谛！活出个样来给自己看，透出的是自信自强和自尊，活出了自我风采，活得充实快乐；活出个样来给别人看，恰好是缺少信心和内涵的表现，图谋虚荣，没有自我，缺少内心的欢乐，一生赶不尽的时髦，随波逐流，是物质和世俗的奴隶。

心灵悄悄话

要保护好自己的自信心，请多为自己鼓掌；要坚定自己的成就欲，请多给自己一些奖励；要达到自己的理想目标，请多给自己加油。

在心中埋下自信的宝石

其实，每个人的心中都藏着一块法力无边的宝石，它的名字就是：自信。

有这样一个人，他发誓要寻找到一块法力无边的宝石，于是，他跋山涉水，风餐露宿，一年又一年。他走过了很多村庄，走过了很多城市，问过了许许多多的人，但仍然没有找到那块法力无边的宝石。一天，疲倦的他在一口枯井旁睡着了，梦见自己找到了宝石，并把宝石藏在了心中。梦醒后，他便真的以为宝石钻进了心中，于是，他不再疲倦，不再自卑，对一切都充满了信心。从此以后，每当遇到困难时他总能克服困难，想出办法，最后获得成功。

没有信心的人，永远也做不了将军。

春秋战国时期，一位将军父亲带他的儿子出征打仗。一阵号角吹响，战鼓齐鸣，父亲庄严地托起一个箭囊，郑重地对儿子说："这里珍藏着一枝家传宝箭，带在身边，会保佑你所向披靡，马到成功，但千万别把它抽出来。"

那是一个极其精美的箭囊，厚牛皮打制，镶着幽幽泛光的铜边儿，露出的箭尾，是用上等的孔雀羽毛制作。儿子喜上眉梢，想象着箭杆、箭头的模样，耳旁仿佛有嗖嗖的箭声掠过，敌方的主帅应声坠马而毙。

果然，佩戴着宝箭的儿子英勇非凡，所向披靡。当鸣金收兵的号角吹响时，儿子再也禁不住得胜的喜悦，完全背弃了父亲的叮嘱，强烈的欲望驱使他呼的一声拔出宝箭，试图看个究竟，骤然间他惊呆了。

一枝断箭，箭囊里装着的是一枝折断的箭。

我一直带着枝断箭打仗呢！他心想，不禁吓出了一身冷汗。

当儿子穿过蒙蒙的硝烟，策马回到父亲身边，把那枝断箭连同箭囊交还父亲时，父亲接过那柄断箭，看着若有所思的儿子，说道："要相信自己的意志。信心无敌！"

儿子明白了有信心的伟大力量，庄严地点了点头。后来，儿子不负父亲的厚望，也成为一名将军。

100 多年前，美国费城的著名牧师 R · 康惠尔奔走各大教堂布道时，总是宣讲这样一个故事——

从前，有一个农夫，他拥有自己的农庄，继承下先辈们辛苦置下的大片土地，生活非常富裕。

有一天，他听人说遥远的某地盛产钻石，很多人都在那儿淘成了亿万富翁。农夫听了兴奋不已，如果能拥有钻石，就不必日出而作、日落而息，天天面朝黄土背朝天地辛苦耕耘啦！于是，他卖了农庄的所有土地，怀揣金钱毅然远赴他乡找寻宝藏了。

千里万里，紧赶慢赶，农夫终于抵达了传说盛产钻石的地方，加入寻宝大军中去了。一年又一年，辛苦复辛苦，身上的钱花光了，可一颗钻石也没找到。最后，一贫如洗的他只好打道回府。然而终敌不过一路上饥寒交迫，农夫终于死在异乡。

凑巧的是，那个买下农夫田地的人，竟在一次耕耘中挖出了一颗巨大的钻石，成了地地道道的百万富翁。

世界上许多困难的事情都是由那些自信心十足的人完成的。如果你有了强大的自信，成功离你就近了。

一个人最重要的是他的内心，不是外表。有了良好的心态，就能够冲破一切阻力和障碍，不管它们来自自然环境，还是你周围的人。

现实中，许多人说：我相信我自己，我是最棒的！当我们在喊这些口号时，我们是否真的相信自己？我们会不会一出门或遇到一点困难，就忘掉刚才所喊的这句话呢？

只有自己真的相信，才能让别人相信你。

与朋友平等相处，有往有来，互相帮助是必要的，但是，要摆脱对朋友的依赖，也不要事事替朋友操心，拿主意。

当面对别人狡辩的时候，你不需着急，也不用生气，只需学着对方的方法，把他的"球""踢回去"就行了。

心灵悄悄话

我们每一个人都拥有一座自己的宝藏，与其轻信他人的神话，不如深挖自己的潜能；临渊羡鱼，不如退而结网；一心一意耕耘好自己业已拥有的土地，才能让有信心的钻石闪闪发光。

知识是有信心的最好资本

时代的车轮隆隆滚过昨天，滚过今天，人类已从农业文明走入工业文明，并正从工业文明走向知识文明。知识就是通往明天的起点。不管是现在还是未来，争取物质财富及仅为生存的奋斗，将不再重要，重要的是我们在科技进步和信息革命中，如何生存以及过着智慧的生活。

如果说农业文明向工业文明转变的过程叫第一次现代化，那么，工业文明向知识文明转变的过程就是第二次现代化。专家们研究发现：中国第一次现代化实现程度已经从 1960 年的 37% 上升到 2000 年的 76%，如果保持这 40 年平均发展速度不变，中国第一次现代化实现程度将在 2015 年前后达到 100%，从而进入第二次现代化的时代。那时候，知识的意义将更伟大！

苏格拉底认为："知识即良善，无知就是邪恶。"在今天，知识就是力量，它控制了通往机会与进步的大门。在当今时代，科学家和学者占据着高级的地位，可以大至决定一国的各种政策。以前，有钱的人可以是资本家；现在，有知识的人可以称知本家。资本家不一定能创造知识，但知本家一定能创造财富，所以在 21 世纪，知识就是财富，有学问的人将不再是穷光蛋了。知识，正在提高致富的速度。

美国人胡安·恩里克斯通过分析研究得出结论：只有吸引伟大头脑或者重视教育的国家才能变得富裕。

理由如下：

2000 年 1 月，微软在遭遇官司前，其总价值大约 5920 亿美元，大约是巴西在 1998 年出口总额的 10 倍，大约是美国第二大贸易伙伴墨西哥出口额的 5 倍。

但是，巴西和墨西哥分别有 1.7 亿和 1 亿多人，而微软仅有 3.2 万名员工。

再过 10 年，猜猜看，谁会暴富，谁会贫穷？

传统的致富方式已经落伍，过去的财富也难再辉煌。

今天美国最富有的人，与 20 世纪 80 年代最富有的人，已经完全不同了。

1980 年，美国最大的 12 家公司中，有 10 家是做销售的。而到了 1990 年，美国最大的 12 家公司中仅有两家是做销售的，其余的 10 家从事制造业、金融业或者高技术产业。

但是根据 2000 年销售额排行榜，总体说来，成长最快的公司是那些出售概念的公司，而不是拥有最多资产的公司。

也就是说，资本家的致富速度赶不上知本家了。

因为美国迅速地转向了知识型经济。尽管 1990 年，世界上最富的十大富人中没有一个是美国人，而到了 2000 年这十大富人当中就有 6 个是美国人。

世界上大部分新财富产生于知识，而世界上多数人仍然忙于从事制造、组装、销售产品的商务或者实业。

当研发取得长足进展之际，在有技术能力的人和缺乏技术的人之间，鸿沟就这样轻易地扩大了。

整个国家、地区、产业或者个人是顺势而出还是应声落马，取决于这短短的几十年。

就在 20 世纪末，大部分拉美国家的大型公司仍在从事基本消费品销售，排在前 50 名的公司中仅有两家主营高科技。大多数政府官员仍然不能理解这个知识驱动型经济的逻辑，他们仍然意识不到在这个信息时代，仅仅努力工作远远不够。

自信

一天晚上，一位著名画家的所有画作及家中所有值钱的东西都被人偷走了。朋友们都为他惋惜，他却满不在乎，说："没啥可惜的。偷走的那些画并非我的全部财产，那只不过是我从财富中开出去的几张支票而已。我真正的财产在这里。"他指着自己的头，继续对朋友们说，"画是从这里创造出来的。这里还将产生更多更好的画。"

一个人拥有的知识越多，他的视野就越广阔，从而就看得比别人远，就能在别人看不到机会的地方首先发现机会，从而取得出人意料的成功。

他能成功是因为他采取的行动比别人好。他为什么行动比别人好？因为他懂得比别人多；当你懂得比较多，做得当然就多；当你做得比较多，你当然容易成功了。

一般人喜欢跟什么人在一起？是有知识的人，能够帮助他成长的人，所以有知识的人，自然就成为领导者。

但是一般人都不太重视知识的价值，他们往往买一本书都要讨价还价，花几百元钱上课，还嫌贵，但花几百元吃顿饭却觉得理所当然。由此可见，很多人都重视物质食粮的吸取，但忽视精神食粮的补充。

当你没有任何资金、任何背景的时候，还有很多人愿意投资与你合作，那是因为你有知识、有智慧，你的无形资产发挥了力量，所以，知识就是力量。

无论如何，你的钱都有可能花掉，既然会花掉，还不如将钱投资到头脑里面，变成头脑里的知识更有价值。就算你将钱放在银行，也不会增加多少利息，但是将钱投资在头脑里面，你的知识将会是增值的。就算你将钱放在家里枕头底下，也会被偷走，将钱投资到头脑里面化成知识，是没有人能抢走偷走的。

在一艘轮船上，坐着许多腰缠万贯的大富翁，其中，也坐着一文

不名的拉比。

富翁们在一起炫耀财富，高谈阔论，一个个都自命不凡。拉比对他们不屑一顾，说："其实，我才是你们中间最富有的人。不过，我现在不向各位展示我的财富。"

不幸的是，航行途中客船遭到海盗抢劫，富翁们的金银珠宝被搜刮一空，一下子全成了穷光蛋。唯有拉比什么也没损失，因为他的财宝海盗见不到。

客船抵达目的地，曾经的富翁们一个个灰溜溜地下了船，各奔东西。拉比下船后，不几天，就在港口镇上开办了一所学校，由于他学养高深，前来拜师的学子络绎不绝，拉比的声名也逐渐在市民中有口皆碑。

后来，那些与拉比同船的富翁们，羡慕地互相谈论着拉比，终于明白：拉比才是他们中间最富有的人。

犹太人一直代代相传着这样的信条：没有人是贫穷的，除非他没有知识；知识胜过财宝，身怀知识不显山不露水，自己不会丢失，别人也抢不走，轻松走八方，不必手提不必肩扛；一个人要是没有知识，那他还会得到什么呢？如果一个人不去学习并拥有知识，那他还能拥有什么呢？

财富固然重要，但不是人生最重要的东西。早上腰缠万贯，晚上一贫如洗，这也是常有的现象。唯有知识，才是人生最重要的东西。金钱可以被带走、被剥夺、被花掉，而知识则是一旦拥有，永不流失。

把书本当作你的朋友，把书架当作你的花园，嗅着书香，欣赏先哲的华章，吸取知识，感悟人生，增长智慧，培养才干，就拥有幸福。

爱读书的人，自有读书的乐趣。譬如能开阔视野，知天地之宽；能体悟宇宙，识古今之变；目极苍穹，思接千载；能懂人间悲欢，能

直挂云帆济沧海

晓人生艰难；有知人之智，有自知之明；察吉凶之兆，料福祸之先；不因苦而悲，不受宠而欢；寂寞时更充实，孤独时不孤单；所以通人情、达物理、验政治、览山川，视得失荣辱，毫无系累，自尊自强，潇洒达观。

学习获得知识，知识奠定才能，才能通往智慧。智慧的生活使我们从容自信、举重若轻，镇定自若、点石成金，怡然自得、幸福安宁。我们终生追求的，并非财富的多寡、权势的大小，其实是幸福的感觉，而智慧，能让我们的生活充满快乐。

心灵悄悄话

知识是偷不走的财富，智慧是抢不去的资本。一颗装满知识的心灵，是不断产生财富的源泉；一颗充满智慧的大脑，是不断发明奇迹的机关。

没有目的地，哪儿也去不了

正如阳光对于生命一样，目标对于成功必不可少。如果没有阳光，万物就无法生长；如果没有目标，没人能够成功。而一生庸庸碌碌的人，也就谈不上有什么信心。

《爱丽丝梦游仙境》中有这么一个情节：

爱丽丝走到了一个通往各个不同方向的路口，她不知何去何从，于是向小猫邱舍请教。"邱舍小猫咪，能否请你告诉我，我应该走哪一条路？""那要看你想到哪儿去。"小猫咪回答。"到哪儿去，我并无所谓……"爱丽丝说。"那么，你走哪一条路，也就无所谓了。"小猫咪回答。

小猫咪的回答颇有哲理：如果我们不知道要前往何处，那么，任何道路都失去了意义。有一句英国谚语说得好："对一艘盲目航行的船来说，任何方向的风都是逆风。"

有一位毕业 4 年仍工作无着的大学生，去向成功学家大卫·史华兹求助，希望能帮他找一份理想的工作。

史华兹问他："你来要我帮你找工作，那你告诉我，你喜欢哪一种工作呢？"

"喔，"他说，"这正是我来找你的目的。我真的不知道我要做什么。"

第二篇 信心源于不断积累

史华兹说他的这种情形，就像一个人跑到航空公司对售票员说"给我一张机票"一样，除非你说出你的目的地，否则人家无法卖给你。史华兹最后对他说："除非我知道你的目标，否则我无法帮你找工作。只有你自己才知道你的目标。"

出发之前，要选好目标。没有目标，你就心无所系；没有目标，你就魂无所依；没有目标，你就无所事事；没有目标，就如行尸走肉。

没有目标，你就不会采取任何步骤，从而也就不会取得任何成就。没有目标，你就只能在人生的旅途上徘徊，永远到不了任何地方。

没有目标，人生就失去方向；没有目标，双眼就茫然无光；没有目标，一生肯定是平庸；没有目标，没事业也没成功；没有目标，注定是低贱贫穷；没有目标，会自卑无地自容。

人生目标的选择，应坚持四项基本原则：

第一，目标必须明确。

明确的目标会让你始终保持正确的方向，不会走入岔道，少走很多弯路，更早取得成功。

心中如果有个明确的目标，这个目标会不知不觉进入你的潜意识，经常发挥自动调节器的作用，让你的人生自动往既定的方向前进，持之以恒，最终水滴石穿。一个人如果缺乏潜意识的指挥，很可能浅尝辄止，犹疑不定，见异思迁。

第二，目标必须远大。

人生最好是有一个较高的目标，也就是常说的要志存高远。地位低下的人，如果把目标定得较高，他也可以成为一个高贵的人；出身豪门的人，如果胸无大志，他也可能成为一个庸俗的人。一个鼠目寸光的人，绝不会有什么大的作为；一个壮志凌云的人，肯定不会毫无出息。一个人不向上看，他往往就会向下看；其精神不能在空中翱

翔，他就注定要匍匐在地。

电影《宋氏王朝》讲宋美龄三姊妹的故事。宋美龄有一句令人非常震撼的话，她说："我们三个人将来一定要过不平凡的人生。"后来，她们果然不平凡，都嫁给中国三个顶级家族中的人，有权又有钱，而且福寿双全。

因为她们从小就说："我们将来要过一个不平凡的人生。"一个人所能取得的成就，总会比他的理想要小一些，所以在设计自己的未来时，一定要把目光放远大一些。关于这一点，我们的祖先说得好："取法乎下，得乎下下；取法乎中，得乎其下；取法乎上，得乎其中；取法上上，得乎其上。"

康拉德·N·希尔顿出身贫寒，后来成长为世界旅馆业大王。他深有体会地说："你自己做的模子有多大，你所能发展的价值就有多大。"一块价值5元的生铁，铸成马掌后，可值10元；若制成磁针，便价值千元；若制成手表的发条，则价值数万元！一个人的潜能，也是如此。很多人就是因为错估了自己的能力，妄自菲薄，以至于终生一事无成。

一个人自信心的大小，决定他理想的大小；而一个人理想的大小，往往决定他成就的大小。

美国前任总统克林顿17岁时以第一名毕业，得到美国白宫青年奖章，到白宫去看了美国总统肯尼迪，回到家之后，马上在书店买了两张画片，一张白宫的画片，一张美国国会的画片，回去贴在自己的房间，还写下自己一生的成功誓言："克林顿今年17岁，发誓这一生一定要做到美国总统，来服务美国的民众，住进白宫。要做总统，就要先当选国会议员，然后培养全国的知名度，才有能力去当总统。"

远大的理想，造就伟大的人生。一个人现在拥有什么并不重要，重要的是他想要拥有什么，以及如何努力去获得什么。英国政治家迪

自信

斯累里曾说过一句至理名言："请以伟大的思想来滋养心灵，因为你的成就永不会超过你所想的。"所以，要敢于想大事。我们的平庸常来自总是考虑事物细微的一面，所以，我们所得的尽是微不足道的结果。

相信这是一个准则：人的成就绝不会超过一个人所想的。志存高远才会成就辉煌，燕雀之志只能是小打小闹。

第三，目标必须可行。

我们订立的目标，虽然不能过于简单和容易，但必须是力所能及的，最好也是自己乐意为之奋斗的。换言之，最好从兴趣出发，兼顾天赋优势，具有可操作性，又有一定挑战性，辅之以毅力和勤奋，就一定会取得成功。

第四，目标必须具体。

有人曾做过这样一个实验，他把人分成两组，让他们去跳高。两组人个子都差不多高，先是一起跳过了6米。他对第一组说："你们能跳过6.5米。"他又对第二组说："你们能跳得更高。"然后让他们分别去跳。第一组由于有6.5米这个具体目标，结果大都完成或超过了这个目标。第二组由于没有具体目标，所以他们只能跳过6米多一点，不少人没跳过6.5米。

这个试验充分说明：有具体的目标，才有具体的成功；没有具体的目标，就不会有具体的成功。

心灵悄悄话

要为自己的人生把好舵，就得首先确定好自己的目标。目标是茫茫大海上的灯塔，能指引我们绕过急流险滩、漩涡暗礁，顺利抵达理想的彼岸。

有志者事竟成

"有志者,事竟成"是一句流传已久而又千真万确的格言。一个人如果下决心去做某件事,那么,他就会凭借这种决心和毅力,跨越前进途中的层层障碍,成功也就有了切实可靠的保证。

麦当劳公司的创始人雷克·洛克52岁失业,半夜乘游览车偷偷地离开故乡伊利诺,到加州来找工作。开始做搅拌器的直销工作,当卖到麦当劳兄弟的店里时,他看到好多人在这么小的店里排队买汉堡吃,就观察这家汉堡跟别人家的汉堡有什么不同。结果发现,美国传统的汉堡是又冷又硬,而麦当劳兄弟的汉堡是热乎乎的、软软的、香香的,而且又清洁、卫生、干净。老雷克想,这种企业一定会成功,一定很有吸引力,所以用心和麦当劳兄弟做朋友。经过3年交往之后,他就跟麦当劳兄弟讲,你们两兄弟怎么一直把麦当劳的企业限在加州地区呢?这么多年来,才10多家分店,其实可以经营到全世界。麦当劳兄弟跟他讲,你知道我们的目标,不是卖汉堡啊!我们做汉堡是因为母亲当年做的汉堡好吃,我们只不过是把母亲做的汉堡做出来跟别人分享而已。

这时老雷克才知道原来两兄弟志不在此,马上跟他们说:"既然这样,是不是可以让我用你们的名字,用你们这个店的名字,到我的故乡伊利诺经营麦当劳的事业?""可以啊!欢迎。"雷克回到故乡用了5年时间,就在伊利诺成立100多家麦当劳。最后,干脆又花1400万美金,把麦当劳兄弟所有的10多家店通通买断,成了

麦当劳公司的老板。

现在麦当劳遍布全世界。

麦当劳的成功告诉我们，志向代表成功的方向，毅力是人生至宝。雷克·洛克50多岁失业没有被击倒，60岁创业成就奇迹。雷克·洛克经常告诉员工一句话："能力的大小是关键，很多能力才华出众的人，但是一生却困顿失败，只有毅力才是人生的至宝。"

拿破仑有这样一句名言："最真实的智慧在于英明果断地作出决定。"他本人异乎寻常的一生，也非常生动地说明了无所不为的强大意志在一个人辉煌成就中举足轻重的作用。拿破仑全身心地投入他的事业中。在他之前，一些愚不可及的统治者和他们所领导的国家已接二连三地垮台。拿破仑接到报告说，阿尔卑斯山挡住了军队的去路，他指出："不能让阿尔卑斯山成为拦路虎。"于是，一条穿过西普隆的蜿蜒小道被开凿出来，自古以来被认为鸟儿也难飞过的地方却任凭大军驰骋。拿破仑曾经说过："不可能，这是一个只能在平庸无能的鼠辈的字典中找到的字眼。"他本人是一个吃苦耐劳、勤勉用功的人。有时候，他同时聘用4个秘书，可还是不够，秘书们一个个被折腾得筋疲力尽。和他在一起，没有人会过得轻松，连他本人也不例外。他的精神深深地感染了其他人，他给其他人的生命注入了新的活力。拿破仑曾经不无感触地说："我的这些将军都是从行军的泥潭里锻造出来的。"

在滑铁卢打败拿破仑的惠灵顿将军的确是一个伟大的人，他不缺少拿破仑的坚毅勇敢、持之以恒和百折不挠的精神，而且，他具有拿破仑所不具备的自我牺牲、光明磊落和强烈的爱国精神。拿破仑的目标是"壮观的"，而惠灵顿和英国海军大将纳尔逊一样，他在查哨时使用的口令就是"职责"。据说，"壮观的"一词哪怕是在惠灵顿将军的战报中，也从来未出现过一次。而"职责"一词，在稍稍高贵一点的职业中，人们是从不肯提及的，唯恐这样会降低了自己的身份。

再大的困难也没有能让惠灵顿将军难堪，畏惧退缩。情形往往就是这样，困难越大，他表现出来的力量也就越大。在伊比利亚半岛的战争中，他克服了足以令人疯狂的苦恼和令人难以想象的困难。在这个过程中，他所表现出来的非凡的耐心、毅力和决心，可以说是历史上最伟大的奇迹之一。在西班牙，惠灵顿不仅向人们展示了他作为一位将军的军事指挥天才，而且显露出他作为一位政治家的多方面的才能。尽管他的性情极端暴躁，但是，强烈的责任感使他克制了自己。尤其是对他身边的工作人员，他的耐心似乎是永无止境的。惠灵顿将军的伟大人格将会通过他的雄心壮志、他的永不满足的精神和豪情满怀的激情而永放光芒。

当然，每一个在历史上有影响的人物，他都会在许多方面表现出非凡的禀赋。拿破仑作为将军，他和克莱夫一样，思维敏捷而又精力旺盛；作为一位政治家，他和克伦威尔一样充满智慧，和华盛顿一样廉洁高尚。伟大的惠灵顿在他身后之所以芳名永存，就在于在十分艰难的战争中，他凭借自己多方面的才华赢得了胜利；在于他不知疲倦、坚忍不拔的精神；在于他英勇无畏、善于自我克制的崇高品质。

心灵悄悄话

相信自己能够成功，往往就能成功，成功的决心往往就是成功本身。因此，真诚的决心常常被赋予了无限的能量。

第二篇　信心源于不断积累

73

给情绪安一个开关

著名的意大利男高音歌唱家卡鲁索有一次在歌剧院的厢房等着上台演唱时，突然旁若无人地大声嚷起来："别挡住我的路！走开！走开！"身边的后台工作人员听了，都感到莫名其妙，因为当时并没有什么人挡住他的路。

后来，这位大歌唱家解释说："当时，我觉得内心有个大我，他无所畏惧，不断地鼓励我，要我大胆去唱，而且会唱得最好；可在心灵的某个角落，还有个小我，他总是畏畏缩缩、胆怯不前，说我可能会唱砸，观众会鼓倒掌，演出会冷场。这个小我使我不得安宁，我只得大声命令他离开我。"

这个"小我"，就是一个自卑的我；这个"大我"，其实就是一个有信心的我。它们俩就好比一个人和他的影子，总是在心灵深处相互依存，结伴而行。每一个人，不论在什么时候，不论处在什么地位，他都多多少少有这样那样的自卑。自卑，是相对强者的悲哀；信心，是相对弱者的自豪。自卑并不可怕，它让你意识到自己与他人的差距。明智的人认为：这种差距并非不可逾越的鸿沟，他会悄悄努力，跨越这条鸿沟，并超越强者。如果被自卑的情绪所笼罩，那就要像男高音歌唱家卡鲁索一样，大声叫它走开！人，最可怕的敌人，正是我们自己！

小郑是北京某名牌大学外语系本科毕业的高才生，且已获得了国

家英语六级考试证书，英语口语也是同学中的一流水平。毕业那年，学校推荐他去应聘一家外企的翻译职位。

以小郑的英语水平，肯定是应聘者中首屈一指的，只要正常发挥，面试一关定会一帆风顺。

然而，小郑平时就性格孤僻、不善交际，心理素质较差，现在独自面对社会的挑战，心中就像有十五只吊水桶——七上八下。应聘者一个个进去了，又一个个出来了，眼看就要轮到自己了，小郑的心一下子悬了起来，两手尽管紧夹在两膝之间，仍忍不住瑟瑟发抖。就在即将进去面试的紧要关头，小郑的班主任匆匆赶到，从手提包中取出一封信交给他，对他说："这是校长亲笔手书的推荐信，你面试时把它交给主考官。你不必担心，该公司会对你感兴趣的！"

小郑接过信，心想："校长和该公司的人一定交情不错。有校长大人的亲笔推荐信，我还有什么可担心的！"于是，信心十足地走进了面试的办公室。

一进门，发现靠窗一排坐着四五位外国人！小郑恭恭敬敬地把信双手递到中间的主考官手中。主考的外国人被这一举动弄得有点莫名其妙，疑惑地把信接了过去拆开看了一眼，脸上立刻泛出笑容，友善地看了小郑一眼，示意他坐下，并把信递给其他几位考官传阅。传阅完，考官们个个都对小郑表示出亲切而友善的微笑。

小郑心中的石头悄然落地，在友好的气氛中，小郑对答如流，使自己的水平得到了最大限度的发挥。最后，在全体考官的满意笑容中，结束了这场面试。

小郑走出面试办公室后，感到从未有过的轻松和自豪。他突然发现，自始至终，自己居然没有一丝一毫的紧张和不安！两周后，小郑如愿以偿。

拿到外企公司的录用通知书，小郑兴高采烈地跑到班主任家中报喜，并表示要宴请班主任和校长。班主任笑道："那封信其实是我写的，根本就不是什么校长的亲笔推荐信。你知道信中写的是什么吗？"

小郑困惑地摇了摇头。

"信中是我用英文写的一句话,"班主任笑道,"翻译成中文就是:愿我的表现令贵公司有所收获。"

小郑张大嘴巴,"呵"了一声。

"我并没有帮你什么,只不过是让你自己将已有的水平正常发挥出来罢了。"班主任意味深长地看了看自己的得意门生。小郑对班主任不禁肃然起敬,他恍然大悟:是班主任帮他树立了人生最宝贵的东西——信心!

只有首先自己肯定了自己,才能得到他人的肯定;只有先自己欣赏自己,才能得到他人的欣赏。在人生的征途上,自己才是拯救自己的上帝,自己就是自己命运的主宰!

心灵悄悄话

信心是释放主观能动性的闸门,是启动聪明才智的马达。当我们渴望得到社会的肯定时,不妨扪心自问:我自己是否已经肯定了自己?

第三篇 >>>
信心比黄金更重要

爱默生曾经说过:"自信是成功的第一秘诀。"无独有偶,爱因斯坦也讲过:"自信是迈向成功的第一步。"可谓异曲同工。信心不仅是一种强大的精神理念,还是一种坚韧的意志品格,更是一种催人奋进的力量。黄金有价,信心无价。信心能让人重新焕发精神,能砥砺人的勇气,能坚定成功的信念,能产生强大的力量。有信心才会有所作为,才能看到希望。

信心是帆,搏击在人生大海中的水手,只有升起自信的风帆,才能在波涛汹涌的大海中,推开自卑的浪头,胜利抵达成功的彼岸。

信心是成功的起点

自信心是修养的精神支柱，是超越自我的力量。有了信心，才会有实现理想的动力。没有信心，就没有勇敢；没有信心，就没有智慧；没有信心，就没有成功。

坚定不移的积极心态是化思考为力量的源泉，是突破自我限制，创造新人生境界的原动力。有了积极的心态，就为我们的人生点亮了一盏成功的心灯。

拿破仑·希尔说过这样的话："心存疑虑，就会失败；相信胜利，必定成功。相信自己能移山的人，会成就事业；认为自己无能的人，一辈子一事无成。"

信心可以克服万难。信心可以让自己从内心真正地喜欢自己、欣赏自己，让自己活得自在。信心创造奇迹，信心是生命和力量的基石，信心是创立事业之本。

自信心如同能力的催化剂，它能将人的所有潜能都激发出来，将其推进到最佳状态。自信心是"我不行"这一毒素的解药，它是一种信念，一种意志。相信自己，你认为自己有多重要就有多重要。

古往今来，有信心的人，当别人对他蓄意、恶意批评时，他能够坦然面对，适时地调整好而不致受到太大的影响。

对于影迷来说，周星驰这个名字可谓家喻户晓，不管是《千王之王》还是《喜剧之王》，周星驰那非逻辑性和带有神经质的演技，以及夸张诙谐的"无厘头"搞笑，令他在短暂的时间里全线飘红，成为影坛不可多得的顶级搞笑明星，一下子由"星仔"变成了"星爷"。

但是他的一生就像一场喜剧，从最初的跑龙套开始，便屡受挫折，遭受了无数的打击和失败，不过他始终坚信自己的一句话："我是一个专业的演员。"甚至在他被人呵斥"连龙套都跑不好"的时候，也不忘这个信念。他每天去学习、去改正、去尝试、去表现，每天都阅读《演员的自我修养》。他坚信自己就是一个专业的演员，当所有的失败都无法磨灭他的信心时，他成功了，失败退却了。人生就是一场戏，只要你认真投入，相信自己，没有什么可以阻挡你。

人生短暂，多一分信心，你的人生路上就会洒满灿烂的阳光，你便能与希望结伴同行，一步步地走向成功的顶峰。

在 2008 年第 13 届北京残奥会上，盲人姑娘谢青打破世界纪录，夺得女子 100 米自由泳 S11 级金牌。她之所以能取得如此成绩，就是因为她始终都保持着一颗充满自信的心。

谢青自幼父母离异，由奶奶把她带大。因为先天遗传视神经萎缩，让她无缘见到世间的光明。她 9 岁时在盲校的活动中接触到水，第一次开始对这种从来没有见过的神奇物体产生了无限的向往。虽然她身材有些瘦弱，左脚拉伤更是让她走路显得有些不便，但从业余的游泳爱好者成为北京游泳队的队员，再到后来的残奥会冠军，她始终保持着有信心的心态。信心让她忘记了生活中的种种磨难，信心让她一步步走向成功。

坚信自己的人，往往能在平凡的生活中做出不平凡的事情来。相反，胆怯、意志不坚定者往往即使才华横溢、天赋优良、品质高尚，也难以获取巨大的成就。拿破仑几乎每次亲率军队作战时，战斗力都会大有所增。因为，一支队伍的战斗力，在很大程度上与士兵对于统帅的敬仰和信心密切相关。如果统帅犹豫不决，全军很容易混乱，成为一盘散沙。而正是拿破仑那种绝对意义上的信心，鼓舞了他的军队，打出很多漂亮的战役。

可见，与金钱、势力、出身相比，信心是对战斗力更重要的东西。信心是人们从事任何事业最强大的靠山，拥有自信心，会最大限度地缩小难度，克服重重障碍，获得事业完美的成功。拥有自信心的人，他们外表看上去开朗、活泼，给人一种阳光的气息，这种人内心往往也是最先感知自己的魅力并且相信自己的能力的人。

我们常会见到这样的人，他们总是对自己所处的环境不满意，由此产生了苦恼。例如，一个学生没有考上理想的学校，觉得自己比不上别人，很自卑。于是书也念不下，一天天心不在焉地混日子。

有的人对自己的工作不满意，认为赚钱少、职位低，比不上别人，心里又是自卑，又是消沉，天天懒洋洋的，做什么也打不起精神来。于是工作常出错，上司不喜欢他，同事也认为他没出息。如此一来，他就越来越孤独，越来越被单位的人排挤，越来越远离快乐和成功。

其实，一个人如果对自己目前的环境不满意，唯一的办法就是让自己战胜这个环境。就拿走路来说，当你不得不走过一段狭窄艰险的路时，你只能打起精神克服困难，战胜险阻，把这段路走过去，而绝不是停在途中抱怨，或者索性坐在那里听天由命。

坚定地相信自己，绝不容许任何东西动摇自己有朝一日必定事业成功的信念，这是所有取得伟大成就的人士的基本品质。许多极大地推进了人类文明进程的人开始时都落魄潦倒，并经历了多年的黑暗岁月。在这些落魄潦倒的黑暗岁月里，别人看不到他们事业有成的任何希望。但是他们却毫不气馁，始终如一地兢兢业业地刻苦努力，因为他们相信终有一天会柳暗花明。

想一想这种充满希望和信心的心态，对世界上那些伟大的创造者的作用吧！在光明到来之前，他们在枯燥无味的苦苦求索中煎熬了多少年！要不是他们的信心、希望和锲而不舍的努力，成功的时刻也许永远不会到来。信心是一种心灵感应，是一种思想上的先见之明。

曾经担任过美国足联主席的戴伟克·杜根，说过这样一段话：

自 信

"你认为自己被打倒了，那么你就是被打倒了；你认为自己屹立不倒，那你就屹立不倒；你想胜利，又认为自己不能，那你就不会胜利；你认为你会失败，你就失败。因为，环顾这个世界成功的例子，我发现一切胜利，皆始于个人求胜的意志与信心。你认为自己比对手优越，你就是比他们优越；你认为自己比对手低劣，你就是比他们低劣。因此，你必须往好处想，你必须对自己有信心，才能获取胜利。在生活中，强者不一定是胜利者；但是，胜利迟早属于有信心的人。"

信心是成功的起点。换句话说，当你真正建立了信心，那么你就已开始步向事业的辉煌。

心灵悄悄话

成功者有一个显著特征，就是他们无不对自己充满了极大的信心，无不相信自己的力量。而那些没有做出多少成绩的人，其显著特征则是缺乏信心。正是这种信心的丧失，使得他们卑微怯懦、唯唯诺诺。

信心能战胜一切

卢梭有言："信念，是抱着坚定不移的希望与信赖，奔赴伟大荣誉之路的热烈感情。"的确如此，大千世界，古今中外，无论一艘船、一个人、一支球队、一个组织，要创业、要前进、要实现奋斗目标、要干一番惊天动地的伟业，就要坦然面对困难与挫折，并在坚强信念的支撑下勇敢地战胜各种风浪、困难和艰险，最终一定能乘长风破万里浪，驶向成功的彼岸。

2001 年 5 月 20 日，美国一位名叫乔治·赫伯特的推销员，成功地把一把斧子推销给小布什总统。布鲁金斯学会得知这一消息，把刻有"最伟大推销员"的一只金靴子赠予他。这是自 1975 年以来，该学会的一名学员成功地把一台微型录音机卖给前总统尼克松后，又一学员登上如此高的门槛。

布鲁金斯学会以培养世界上最杰出的推销员著称于世。它有一个传统，在每期学员毕业时，设计一道最能体现推销员能力的实习题，让学员去完成。克林顿当政期间，他们出了这么一个题目：请把一条三角裤推销给现任总统。8 年间，有无数个学员为此绞尽脑汁，可是，最后都无功而返。克林顿卸任后，布鲁金斯学会把题目换成：请把一把斧子推销给小布什总统。

鉴于前 8 年的失败与教训，许多学员放弃了争夺金靴子奖，个别学员甚至认为，这道毕业实习题会和克林顿当政期间一样毫无结果，因为现在的总统什么都不缺少，再说即使缺少，也用不着他亲自

购买。

然而，乔治·赫伯特却做到了，并且没有花多少工夫。一位记者在采访他的时候，他是这样说的："我认为，把一把斧子推销给小布什总统是完全可能的，因为小布什总统在得克萨斯州有一农场，里面长着许多树。于是我给他写了一封信说，'有一次，我有幸参观您的农场，发现里面长着许多大树，有些已经死掉，木质已变得松软。我想，您一定需要一把小斧头，但是从您现在的体质来看，这种小斧头显然太轻，因此您仍然需要一把不甚锋利的老斧头。现在我这儿正好有一把这样的斧头，很适合砍伐枯树。假若您有兴趣的话，请按这封信所留的信箱，给予回复……'最后他就给我汇来了 15 美元。"

乔治·赫伯特成功后，布鲁金斯学会在表彰他的时候说，"金靴子奖已空置了 26 年，26 年间，布鲁金斯学会培养了数以万计的推销员，造就了数以百计的百万富翁，这只金靴子之所以没有授予他们，是因为我们一直想寻找这么一个人，这个人不因有人说某一目标不能实现而放弃，不因某件事情难以办到而失去信心。"

"不因有人说某一目标不能实现而放弃，不因某件事情难以办到而失去信心"，这是布鲁金斯学会寻找的人才，同样也是各行各业所需要的人才。在我们的成才之路上，只要我们具备这种有信心的精神和坚强的毅力，我们就一定能够像乔治·赫伯特那样取得巨大的成功。

心灵悄悄话

信心是成功的代名词，每个人都需要信心，需要勇气，需要毅力。只有有坚定信心的人，才能拥有玫瑰的芬芳，夺取胜利的桂冠，创造生命的奇迹。

相信自己一定能成功

相信自己一定能成功！因为成功属于意志坚定的人，成功属于锲而不舍的人，成功属于自立自强的人！只要信心不倒，就没有过不去的坎。

成功意味着许多美好、积极的事物。成功是人生的发展目标。人人都希望成功，每个人都想获得一些美好的事物。每个人都希望自己是自己人生的主宰，没有人喜欢依赖别人，过一种平庸的生活，也没有人喜欢自己被迫进入某种状态。

可能你会说，我很勤奋，但就是对自己缺乏信心，不相信自己能够成功。的确，这是一种消极的力量。当你心里不以为然或怀疑时，就会想出各种理由来支持你的"不相信"。怀疑、不相信、潜意识要失败的心理倾向，以及不是很想成功的心态，都是失败的主要原因。

日本某味精公司的社长对全体工作人员下达了"成倍地增长味精销售量，不管什么意见都可提，每人必须提一个以上建议"的命令。

于是，营业部门考虑营业部门的建议，宣传部门琢磨宣传部门的，生产部门打算生产部门的，大家纷纷提出销售奖励政策、引人注目的广告、改变瓶装的形状等方案。

然而，一位女工却苦于提不出任何建议来。她本想以"无论如何也想不出"为由而拒绝参加，但考虑到这是社长的命令，并且言明不拘什么建议都可以，所以她觉得拿不出建议有些不合适。就在这期间，某日晚饭时，她想往菜上撒调味粉，由于调味粉受潮而撒不出

来，她的儿子不自觉地将筷子捅进瓶口的窟窿里，用力往上搅，于是调味粉立时撒了下来。

在一旁看着的女工的母亲对女儿说："如果你提不出社长让提的建议，你把这个拿去试试看。""这个?!""把瓶口开大呀！""这样的提案！"女工本来有些不以为然，但是又无其他建议可提，于是就提出了把味精瓶口扩大一倍的提案。审核的结果出人意料。女工提出的建议竟进入 15 件得奖提案之中，领得奖金 3 万日元。而且此提案付诸实施后，销售额倍增，为此，女工又破例从社长那里领取了特别奖。

受宠若惊的女工想："出主意，出主意，原来以为很难，没料到这样的提案竟然也得了奖。像这样的提案，一天能提上两三个。"创新并不一定需要天才。创新只在于你能够找出新的改进办法。任何事情的成功，都是因为找出了把事情做得更好的办法，世界上的所有大发明、大发现均是如此。

上述的这位日本女工，与其说是通过这次的提议获得了 3 万日元的奖励，还不如说通过这次提议而获得了一种自信心。我们可以设想，等以后公司再有这样的活动时，这位日本女工绝对不会再说自己没有任何提议了，她会成为一个提议专家。她说不定会因此而成为一个成功的人。

心灵悄悄话

人生最实用的成功经验，就是"坚定不移地相信能够移山"，可是，在我们的生活中，真正相信自己能移山的人并不多，而真正能移山的人就更少了。

有自信就有希望

只要你不对一切感到绝望，希望总是为你存在着的，奇迹总是在你意想不到的时候出现，所以在你最绝望的时候不要忘记这世上有"奇迹"这两个字。做事要充满信心与憧憬，有了信心才有了希望。优柔寡断、拿不定主意，就是浪费办事的机会，成功就会与其擦肩而过。"世上无难事，只怕有心人"，没有翻不过的山，没有过不去的河。"心存疑惑，就会挫败；相信胜利，必定成功。"只要相信自己的能力，就会赢得成功。认为自己没信心的人，必将一事无成。

有一位名人说过："大人物与小人物的区别在于有没有意志力和自信心，只要具备了意志力和自信心，除了违反法律的事以外，世界上没有事能难倒你。"

你在上数理化课时，心里总是害怕，害怕什么呢？担心学不好，考试成绩不理想对不对？其实那是因为你缺乏自信心。现在，你有必要克服上课时心里害怕的精神状态。

增强自信心。缺乏自信心的人出现紧张的频率最高，你若自信心不强，做事情一定是唯唯诺诺，瞻前顾后甚至摇摆不定。没有准确的主意，也要果断地做决定，遇事不要慌乱手足无措。要相信自己，不断鼓励自己"我行，我一定行，我会成功，我会做得比别人更优秀！"这样，你就会精神抖擞，从容不迫地应对考试和其他事情。

信心是学生的灵魂，信心也是学生考试成功的精神支柱。

美国著名心理学家基恩，小时候亲历过一件让他终生难忘的事，

正是这件事使得基恩从自卑走向了自信，也正是这种自信，使他一步步走向成功。

有一次，他躲在公园的角落里偷偷看到几个白人小孩在快乐地玩耍，他羡慕他们，也很想与他们一道游戏，但他不敢，因为自己是一个黑人小孩，心里很自卑。

这时，一位卖气球的老人举着一大把气球进了公园，白人孩子们一窝蜂地跑了过去，每人买了一个，高高兴兴地把气球放飞到空中去。

白人孩子们走了以后，他才胆怯地走到老人面前，低声请求："你可以卖一个气球给我吗？"老人慈祥地说："当然。你要一个什么颜色的？"

他鼓起勇气说："我要一个黑色的。"老人给了他一个黑色的气球。他接过气球，小手一松，黑气球慢慢地升上了天空……

老人一边眯着眼睛看着气球上升，一边用手轻轻拍着他的后脑勺，说："记住，气球能不能升起来，不是因为颜色，形状，而是气球内充满了氢气。一个人的成败不是因为种族和出身，关键是你内心有没有自信。"

可见自信心是一种多么重要的物质。

而自信心的养成，除了外在环境的影响，更主要在于你是否养成了自我肯定的习惯。自我肯定，从心理学范围来说，主要途径就是"自我暗示"，每当你做一件事，或说一段话，无论事之大小，话之长短，"这件事我做得很好，""这席话我说得很得体"，长期保持这种习惯，有一天你会发现，自己已能自信面对人生了。

另外一点，意志力也是需要加强锻炼和培养的。如果仅仅是因为学习成绩不太理想，心灰意冷，则是一种不明智的表现。意志力，不是爆发力，是一种韧性，无坚不摧的往往正是这种看似绵薄但后劲十足的持久力。

有一位老师上课时讲过一个这样的故事：在一个自行车拍卖会上，每辆自行车都被一个小男孩儿以5法郎第一个喊价，却从不加价。拍卖师忍不住停下来问他，小男孩儿说，他仅仅只有5法郎。拍卖会如常进行，小男孩儿总是第一个报价，但很快就以高于5法郎的价被别人买走。这样到了最后一辆车的时候，大家都似乎有些紧张起来，这一辆比任何一辆都好。这时，小男孩儿更是以急切的声音报价5法郎，这次，再也没有人加价，问过三遍，拍卖师一锤定音，小男孩儿激动地用已捏出汗的钱换来这辆车。这个小男孩儿只有5法郎，他要得到自行车，唯一的办法就是以一种意志坚持，以一种耐心，再付出虔诚的努力……同样，学习也需要一种意志力，着急是没有用的！

人的意志力和自信心，就像鸟的两只翅膀，自行车的两个车轮，只有在这两个方面不断强化自己，才能够自由飞翔，自由行驶。

心灵悄悄话

自信心，是对自己的完全相信，但不是盲目相信，是对自己明确的认识和把握。相信自己，是因为自己做不到的事别人也一定做不到。记得电影《英雄本色》中有一句台词是这样的："连你自己都没有信心，别人怎么去帮你。"很平常，但很精彩。

信心，成功的第一要素

信心是每一个优秀人才所具备的必然态度。无论在哪个领域里，信心这个亮丽的字眼始终占据第一位。

信心是成功的秘诀，信心也是职场上必不可少的金钥匙。世界上的各行各业都尊重和崇尚高度有信心的人！信心表明了一种对自我能力、优势的认可与肯定，信心可以使一个人相信自己有能力冒风险，敢于接受各种挑战和工作任务，并信守承诺，实现理想。

这个世界是由自信心创造出来的，没有信心就没有一切，信心是成功的基石。树立巨大的雄心和拥有坚定的信心的人，就是时代的弄潮儿，是未来的掌舵者。世界这么广阔，生活这么美好，时代这么先进，我们应该具备怎样的心理素质来面对生活呢？这种必备的心理素质就是信心。

在公司里，你也许才华并不出众，实力也比较薄弱，可能只是一个不起眼的小角色，老板根本就不在意你，这时，信心就是你求得生存的可靠法宝。你可以积极主动地工作，发挥自己的特长，在拼搏进取中展现你内心的特质：信心和热情。相信有一天，你会在同事中脱颖而出，鹤立鸡群的！因为你十分相信自己，其他人无法打击你的自信心，反而对你刮目相看了。

信心是帆，搏击在人生大海中的水手，只有升起自信的风帆，才能在波涛汹涌的大海中，推开自卑的浪头，胜利抵达成功的彼岸。

亨利·福特在底特律生产汽车，并进行试车的时候，许多人都对

他冷嘲热讽，认为汽车是昂贵不实用的东西，谁会为了那个"会跑的铁盒子"掏腰包呢？然而福特不为所动，并且信心十足地预言："在不久的将来，汽车会跑遍整个地球。"最后，福特的预言成了事实。

这之后，福特在开发V型引擎的时候又面临困难，他想要制造一个8汽缸的引擎，当他把构想蓝图出示给技术人员时，遭到了一致的反对。技术人员告诉他，根据理论，8汽缸引擎的制造是不可能的。但他却坚信可行，他要求不管花多少时间和代价，一定要开发出来。

在福特的坚持下，整整花了一年多的时间，经过不断的研究和试验，技术人员终于突破困境，完成了8汽缸V型引擎的制造。

福特的成功说明了信心力量的伟大，与金钱、权力、出身相比，信心是你最重要的东西，它是你从事任何事业最可靠、最有价值的资本。

卓越的人物在成功之前，总是充分相信自己的能力，深信自己必能成功。所以工作时，他们就能全力以赴，直到胜利。

小青刚毕业就被分配到一个设计院工作。面对人才济济的新工作环境，原本活泼开朗的她一下子沉默寡言，走路时总是低着头，面无表情。每次上下班她都是独来独往，从不和同事打招呼，在工作时她也从不向老职员请教，以至于她的业绩平平，毫无起色。看上去她显得很自卑。有一天，她下班回家路过一家精品店，里面摆满了各式各样的发夹，于是她心血来潮选了一款夺目的发夹在头上试戴起来，老板走过来递给她一面镜子说："真漂亮，你戴上它的确很好看，你真有眼力。"小青听了，脸上立即绽放出久违的笑容。

第二天到了公司，她主动地和同事打招呼，早上的图纸设计她特意跑到老总办公室寻求建议，这时，公司的上司和同事都不知道她为何有这么大的变化，仿佛变了一个人，都对她热情起来。当她又一次路过精品店时，老板快步跑出来叫住她："小姐，昨天你忘了把发夹

带走，放在桌子上了。"小青这才摸摸头上，的确自己昨天试戴发夹时，付了钱。竟忘记把它戴在头上了。不过这事已不怎么重要了，半年后，小青凭借自己的勤奋好学和十足的信心当上了设计部门的主任，有人问她为什么突然变得这么出色？她说："是因为那只发夹改变了我，它使我变得自信和美丽！"

上述故事说明了一个道理，信心是一个人健康的心理素质，拥有了自信心，就能使丑小鸭变成白天鹅。

职场上的成功人士总是一开始就充分相信自己的能力，深信自己必能成功。千万不要认为自己能力有限，你永远可以比现在更好，只要敢于尝试，勇于拼搏，不断进取，不懈地追求自己的梦想，你就能真正拥有信心，取得非凡的成就。

心灵悄悄话

职业人士要取得成就，信心是第一要素。无论你现在处于何种职位，这并不重要，重要的是看你有没有信心！有的事情不是因为我们难以做到，才失去了信心，而是因为我们没有信心，才失去了成功的机会。

信心，职场生存的准则

在一个越来越强调人际交往和互动的现代社会里，仅仅凭自己的本事去开辟一个新的生活空间，或者仅仅做好本职工作，就想脱颖而出获得成功，似乎越来越不可能了。唯一的做法是，勇敢地说出和实施自己的想法和主张，维护自身的尊严和权利，然后尽一切可能去影响同事、上司、下属或客户，用自己的言语和行为打动他们，形成一种互动的集体的自信心。唯有自己昂首挺胸，在刀光剑影的职场里保持坚强的自信心，才有机会出人头地。

1. 我行，我可以

在充满竞争的职场里，在以成败论英雄的工作中，谁能自始至终陪伴你，鼓励你，帮助你呢？不是老板，不是同事，不是下属，也不是朋友，他们都不可能做到这一点。唯有你自己才会伴你走完人生的春夏秋冬，也唯有你自己才能鼓起你的信心，激励你更好地迎接每一次挑战。

在办公室里，你可能是个不起眼的小角色，别人丝毫不会注意到你，这时，你的信心是你唯一的生存法宝。你应该积极主动地向前迈出一步，说出那句某著名品牌的广告语："我行，我可以！"去积极争取表现你自己的机会，譬如主持一个会议或一个方案的施行，主动承担一些上司想要解决的问题，或者主动地真诚地帮助你的同事，替他出谋划策，解决一些难题。如果你能做到哪怕只是其中的一点，你的

内心就会起变化，变得越发有信心，别人也会越发认识到你的价值，会对你和你的才能越发信任，你在办公室里的位置就会发生显著的改变。

信心不是财富，但它会带给你财富。拥有并保持十分的信心，你就拥有发言权，就会得到升迁的机会，就会拥有自己的办公室，就会承担新的更具挑战性的工作，你得到的成功机会也就更大。

2. 现在就开口

说话准确、流畅、生动，是衡量职业人士思维能力和表达能力的基本标准，也是考核他是否具备职业竞争能力的重要标志。

更重要的是，语言能力是提高自信心的强心剂。一个人如果能把自己的想法或愿望清晰、明白地表达出来，那么他内心一定具有明确的目标和坚定的信心，同时他充满信心的话语也会感染对方，吸引对方的注意力，直到让人们相信，他的自信心对他人有着巨大的帮助。

所以，现在就开口吧，无论对方是一个人还是几个或一群人，试着把自己的心里话说出来，别在意对方的反应甚至是嘲笑，只管自己说得是否清楚、干脆，是否把要说的话都说出来了。只要坚持不懈，一定会有收获，一定会感到自己的心里渐渐地充满信心的力量，说话的技巧也会大有长进。就从现在做起，否则你的自卑情结永远也打消不掉，那你就永远别想开口了。

3. 昂首挺胸走路

不但你的声音要充满信心，你的形体姿态也应充满信心，一个腰板笔直、衣着得体、生机勃勃的人和一个耸着肩膀、衣着邋遢、不苟言笑的人相比，哪个更受人尊重和欢迎呢？答案是不言自明的，而且形体的信心会强化自己的语言信心，也能帮助自己建立良好的自我感觉，更加满怀信心。

形体的信心是一种整体性效应，除了行为举止还包括面部神情、站立的姿势、目光的运用等。神情专注、面带微笑会让人觉得你是一个值得信赖的人，而神情茫然、愁眉苦脸只会让人退避三舍；与别人说话时挺胸直立，会显示出人格的尊严，也是尊重对方的表示，而靠着墙或桌子，颓然地面对别人，不光自己无精打采，对方也觉得索然寡味。谈话时适当地注视对方，间或转移一下视线，能使对方正常有效地进行下去。如果直愣愣地盯着对方，那是无理的行为，而如果一眼都不看对方，那表示你一点信心都没有，说的话没有一点作用。

因此，消极的不正确的形体姿态会妨碍正常有效的人际交往，也不利于自身的信心表达，只有充满有信心的形体和语言，才会引人注意，受人尊重，进而达到成功的人际互动。

4. 不但要做，而且要说

办公室表面风平浪静，内部却有急流险滩的竞争。那些只会埋头苦干不会表现自己的人常常遭人忽视，升迁加薪等好事从来轮不到他们头上，恐怕累死累活也是白忙活。如果你工作出色又想有所回报，你的信心就显得尤为重要了。

该说出自己想法和意见的时候就该开口，该争取自己利益的地方就该争取，该说不的时候就说不。不必隐瞒自己的观点，要敢于自我表达，直截了当地说出自己想说的。结果呢，可能会出乎你的意外，你需要的都会得到满足，你的努力会很快地变为事业上的成就。

而那些缺乏信心不善言谈的人，往往会因为工作量越来越大而不堪重负，业绩下降或无法按时完成，即使工作有成就，上司也未必了解他的工作究竟有多出色，结果往往在加薪提升时，老板把他的名字忘得一干二净。

5.下属面前树立威信

如果你是一位经理或部门主管，在强调人际互动的社会环境下，不能一味地依赖权力和行政命令，而要依靠信心达到目的，同时也要帮助下属树立自信心。因为从现代管理学的观点看，员工充满信心，责任心就会增强，工作效率会更高，失误会越来越少，你也就更省心了。

帮助下属树立自信心的有效方法是同他们产生真正的交流，给他们一定的空间，让他们说出想说的话，即使不同意他们的意见，也要认真倾听，然后再负责地同他们讨论甚至争论，这样会使他们感到，他们在工作中有着举足轻重的作用，他们的信心也因此而能得到加强。

工作关系一旦长久，办公室里很容易形成空洞的停滞的人际关系。因此，你讲话的方式和内容的新鲜生动就显得日益重要。语言要尽可能丰富和形象化，需要引起他人注意时要用果断性语言。下达指令时只说一遍，必要时辅助一些强化性的手段，如复述、录音等。特别是在要求大家作出更大的努力和贡献时，要开诚布公地说出真话，鼓舞大家的信心，会收到意想不到的功效。

6.上司面前保持尊严

对大多数人来说，同上司或老板面谈可能是件很痛苦的事，毕竟他掌握着你的职业生涯的钥匙。一不小心得罪了他，你也许就翻不了身了。

尽管上司或老板拥有这样那样的优势，你仍有可能对他施加影响。如果你能在属下面前充满信心，也就应该在上司面前表现出信心；如果上司能在你面前充满信心，你也没有理由不这么做。

同上司交谈时，首先摸一下自己的底，自己的工作表现如何，哪些方面做得很好，这次主要想谈些什么，然后面对面微笑和他交谈。当上司需要赞扬时，你就由衷地赞扬他；回答问题或提出建议时，一定要有根有据，说话不必过长，尽可能简短地陈述你的意见；不要向上司诉苦，该承担责任的地方要勇于承担下来，该拒绝的地方也要维护自己的利益，说出"不"字，当然说时要注意措辞的委婉和理由的充足，虽然拒绝了上司，但却又不得罪他。要知道，保证个人的健康和生活质量比任何工作更重要。

心灵悄悄话

信心不是潇洒的外表，但它会带给你外表的潇洒。它是需要长期坚持的一种生活习惯，它会让你认识到自己所扮演的人生角色，自己在哪方面有足够的能力，还有哪方面需要再发掘自己的潜能，这样你就能精神饱满地迎接每一天升起的太阳。

第三篇　信心比黄金更重要

信心是办事的通行证

信心是一种人格特质，也是一种平静稳定的心理现象，更是一个人办事成功所必需的无形资本。信心是办事的通行证。

有信心的人，总是显得稳健安定，仪态优雅，从容机智；缺乏信心的人，则惶惑畏惧，优柔寡断。信心是把持办事主要方向的舵，也是办事能力的存储器。

胡雪岩的"红顶商人"之名，已经为我们所熟悉。的确，胡雪岩能成为名震天下的一代商贾，与其擅长的商道密不可分。胡雪岩最擅长的商道是什么呢？胡雪岩有句名言："立志在我，成事在人。"这与带有宿命论色彩的"谋事在人，成事在天"有着根本的不同。一个成功的商人必然有"立志在我，成事在人"的大信心，胡雪岩正是具备了这种非凡的信心。

胡雪岩立志要自己当老板，开拓一番事业。他当初创办阜康钱庄时，从外部环境来说，当时国家正处于战乱之中，并且太平天国活动的主要区域，也正是长江中下游地区的东南一带。而晚清的金融业还是山西票号的天下，东南地区后起的宁绍帮、镇江帮经营的钱庄的实力和影响还远远不及山西票号。

从自身条件看，胡雪岩此时除了具有在钱庄当学徒的经验外，身上不名分文。但他踏入商界之初做的第一件事就是创办自己的钱庄。此时的胡雪岩所凭借的也就是他的那份信心。他相信凭自己对钱庄业务的深刻了解，凭自己精到的眼光和过人的手腕，当然也凭借官场靠山王有龄的帮助，他足以开办一家钱庄并将其发展成为一流的、可以

与山西票号分庭抗礼的钱庄。就凭着非凡的信心，他的阜康钱庄说办就办起来了。

当他商业大厦即将倒塌，面临破产的最危急的时刻，他也绝不肯做坑害客户隐匿私产"拆烂污"的事情。他相信自己虽败不倒。胡雪岩说："我是一双空手起家的，到头来仍旧一双空手，不输啥！不仅不输，吃过、用过、阔过，都是赚头。只要我不死，我照样一双空手再翻过来。"这更表现了一种能成大事者的信心！一个有大成就者必须具有这样的信心。

古往今来，凡是想成大事、能成大事者，都具有一种大信心。所谓"当今之世，舍我其谁"，"天生我材必有用"……这些都展示出了那些有大成就者的豪迈胸怀。常言道，信心方能自强。只有信心，才能做到知难而进，才能有临渊不惊、临危不惧的英雄本色。说到底，一个人的自信心，实际上也是办事成功的无形资本，是一种内在动力。

英国历史上曾经发生过这样一件事：杜邦率军未能攻下克切斯城，他在法拉格特将军面前极力为自己开脱责任。法拉格特听完后只说了一句话："一个重要的原因你没有讲到，那就是你一开始就不肯相信自己能成功。"事实的确如此，你一开始办事就不相信自己能够成功，那么你绝不会成功。明白了这个道理，再依靠自己的努力而不是依靠他人的帮助，我们才能将事办好。

汤姆·邓普西生下来的时候只有半只左脚和一只畸形的右手，但父母从不让他因为自己的残疾而感到不安。结果，他能做到任何健全男孩所能做的事：如童子军团行军10千米，汤姆也同样可以走完10千米。

后来他学踢橄榄球，他发现，自己能把球踢得比在一起玩的男孩子都远。他专门请人设计了一只鞋子，参加了踢球测验，并且得到了冲锋队的一份合约。但是教练却尽量婉转地告诉他，说他"不具备做

职业橄榄球员的条件"，让他去试试其他的事业。最后他申请加入新奥尔良圣徒球队，并且请求教练给他一次机会。教练虽然心存怀疑，但是看到这个男孩子如此有信心，便对他心生好感，因此就收了他。

加入球队后，汤姆·邓普西便开始了刻苦练习。在练习过程中，各种各样的困难接踵而至。面对难以忍受的痛苦，他每一次都坚强地挺了过来，凭借顽强的信心突破了所有的障碍。

两个星期之后，教练对他的好感加深了，因为他在一次友谊赛中踢出了好成绩，并且为本队挣了分。这使他获得了专为圣徒队踢球的工作，而且在那一季中为他的球队挣得了99分。

在其中的一次比赛中，球场上坐了66000名球迷。球是在28码线上，比赛只剩下了几秒钟。这时球队把球推进到45码线上。"邓普西，进场踢球！"教练大声说。

当汤姆进场时，他知道他的队距离得分线有55码远，那是由巴第摩尔雄马队毕特·瑞奇踢出来的。球传接得很好，邓普西一脚全力踢在球身上，球笔直在前进。但是踢得够远吗？66000名球迷屏住气观看。球在球门横杆之上几英寸的地方越过，接着终端得分线上的裁判举起了双手，表示得了3分，汤姆所在的队以19比17获胜。球迷狂呼乱叫为踢得最远的一球而兴奋，因为这是一个只有半只左脚和一只畸形的手的球员踢出来的。

"真令人难以相信！"有人感叹道，但是邓普西只是微笑。他之所以能创造这么了不起的纪录，正如他自己说的："信心是成功的种子。世界上没有什么我不会做的，只要有信心就能弥补先天的不足，就能战胜人生道路中的困难，进而获得成功。"

爱迪生小时候不也只是个被老师认为朽木不可雕，而且还希望他自动退学的男孩吗？可是，他没有屈从于命运的摆布，而是以顽强的信心与命运抗争，最终成为全世界的"发明大王"。他不但发明了电灯，还陆续发明了放映机、留声机等1000多种产品。当他去世时，美国人在晚上9点59分，全国熄灯1分钟，以纪念这位电灯的发明人。

爱因斯坦4岁才会说话，7岁才会走路，老师给他的评语是："反应迟钝。"但他并没有因此让命运牵着自己的鼻子走，而是充满信心地战胜了命运，取得了举世瞩目的成绩。

"办事"就像是一场拳击比赛，挫折就是你的对手。而你战胜它的拳头，就是你的信心。人只有在充分自信的状态下，才会得到最大限度的发挥。人也只有在充满信心的状态下，才能使自己最大限度地感受到勇气和力量。信心是比金钱、家世、环境更有用的条件，因为它在你自己的掌握之中。它是人生可靠的资本，能使人努力克服困难，排除障碍，争取胜利。

聪明的人会办事，与他们懂得充分运用自己的智慧是分不开的。他们敢于和善于表现自己的才能与信心；懂得如何既表达自己的观点，又能让人接受的方法。只要你相信，信心可以让一切困难远离你，你就等于拥有了生命中最宝贵的无形资产。

心灵悄悄话

分析一下那些办事成功的人，可以发现，他们无一不具有强大的信心。他们意志坚定，任何艰难险阻都不足以使他们害怕退缩。他们坚信自己的能力，坚信只要自己付出最大的努力，最终会赢得胜利，也就始终没有被挫折所击倒。

信心是一种力量

　　这个世界是由自信心创造出来的。充分的信心和坚韧不拔的意志是事业取得成功的一个重要条件。

　　美国哈佛大学的罗森塔尔博士曾在加州的一所小学校做过一个著名的实验。

　　新学年开始时，罗森塔尔博士让校长把三位教师叫进办公室，对他们说："根据你们过去的教学表现，我发现你们有着非常优秀的潜质，在教育领域你们会有作为和做出成就的。因此，我和你们的校长特意挑选了100名全校最聪明的学生组成三个班让你们来教。这些学生的智商比其他孩子都高，希望你们能让他们取得更好的成绩。"

　　三位老师都高兴地表示：一定尽力。校长又叮嘱他们，对待这些孩子要像平常一样，不要让孩子或孩子的家长知道他们是被特意挑选出来的，老师们都答应了。一年之后，这三个班的学生成绩果然排在整个学区的前列。这时，校长告诉了老师们真相：这些学生并不是刻意选出来的最优秀的学生，只不过是随机抽调的最普通的学生。

　　老师们没想到会是这样，都认为自己的教学水平确实高。这时，校长又告诉了他们另一个真相，那就是，他们也不是被特意挑选出的全校最优秀的教师，也不过是随机抽调的普通老师罢了。

　　这个结果正是博士所料到的：这三位教师都认为自己是最优秀的，并且学生又都是高智商的，因此对教学工作充满了信心。从他们开始接受罗森塔尔博士和校长的任务的时候，信心的种子就埋在了他们的心中。

在做任何事情以前，如果能够充分肯定自我，就等于已经成功了一半。当你面对挑战时，不妨先在心里"埋下"信心的种子，告诉自己："我是最优秀和最聪明的。"

一个人的"命运"其实是他信心大小的结果。思路决定出路，想法决定做法。信心是心灵的最主要的动力元素，当信心驱动了思想，人就会产生巨大的精神力量，从而创造财富。

我们经常听说："有成就才有信心，没有成就自然没有信心。"其实，这是一个错误的想法。我们看到许多成功者的格言是："有信心才有成就，没有信心自然没有成就。"信心是原因，成功是结果。

在人的生命中，不管岁月如何变化，事物总是按照你的信心的发展而变化。如果我们有信心致富发达，那么，这样的信心如种子，会埋在你心灵的土壤中，遇到合适的机缘，它就会开花结果。

如果我们能调动内心的信心力量，在内心中种下积极、健康的种子，我们就会得到"积极、健康"的结果；如果我们在心田中种下"创富济世"的信念，那么我们就会得到"创富济世"的果实。你播什么种子，你就会有什么成果……

韦伯斯特为"信心"下的定义是："对于真理、价值或值得信赖的人、事、物所保持的坚定信念，而无须合理的解释或实质上的证据。"

❤ 心灵悄悄话

你的"信心"就是那命运的磁石：你可以调整频率，去吸引你希望得到的；而这调整的方法，就是改变你的思想与信念——包括你的潜意识。你有积极的念头，就会得到积极的补偿。

自信，与人沟通的秘诀

人是社会的一个独立的个体，人与人之间都是从陌生到认识的一个过程。人们在进入一个新的环境的时候，都会和陌生的人进行接触，从陌生到认识需要相互之间的沟通。有很多人在遇到陌生的环境时会产生一种孤立无援的感觉，封闭自己，不与人交流，而这种感觉正是缺少朋友的表现。

朋友不像上街买菜一样，用钱就可以等价交换来的，朋友是需要心与心的交流的，要想在与人沟通的能力上有所突破，就要从心里战胜自己内心的羞怯和自卑。有些人正是因为自卑，不敢与别人交流，怕会受到别人的排斥，永远徘徊在自己心灵的门槛之外。

在一个贫困的山村里，住着一个老头，他有三个孩子，大女儿和二女儿都在城里的一个大户人家里打工，只剩下小儿子和他在一起。相依为命。有一天，一个人找到老头对他说："老人家，我想把你的小儿子带回城里跟我一起工作，可以吗？"老头生气地说："快滚吧。"这个人又问："我会在城里给你的儿子找一个对象的。"老头气愤地说："你快些滚吧，我不会把我的孩子交给一个不认识的人的。"那个人又说："如果我给你儿子找的对象是一个大富豪达菲的女儿呢？"老头不屑地说："你怎么可能办得到？"

这个人又找到这个大富豪，对他说："我可以给你的女儿找一个对象吗？"大富豪说："你快给我滚出去吧。"这个人说："如果我把你的女儿嫁给一个银行的副总裁呢？"大富豪达菲动心了。这个人又找到银行的总裁，对他说："你这里应该有一个副总裁。"总裁不耐烦地说："不可能，这里有这么多的副总裁，我不需要了。"这个人说："如果我给你介绍的是大富豪达菲未来的女婿呢。"总裁答应了。

这个故事或多或少地存在一些夸大，让人产生很多疑问，但是这个故事最后有这样一个令人欣喜的结局，正是由于故事中"这个人"的自信，无论是老头还是大富豪达菲，他们都或多或少怀疑过，因为他们不够自信，在与人沟通的过程中"这个人"的自信是这一事件成功的关键。

如果在一开始，在老头不屑的目光后，这个人就停下自己的脚步，那么这件事情就永远没有结果，老头还依然和他的小儿子，在贫困的小山村里相依为命。所以在沟通的过程中，只要有信心，认定自己一定可以做得到，这件事就一定能办得到。

心灵悄悄话

人与人是平等的，不平等的是自己心里的那一架天平，一端放着自己的自卑，这种分量已经超过了放着勇气的那一端。自信是沟通过程中最重要的一个环节，在与人沟通之前，要有战胜自我的勇气。

第三篇 信心比黄金更重要

信心是乐观的源泉

生活中，我们要以一种乐观积极的态度去面对将要面对的一切，让自己因乐观而自信，因自信而快乐。

美国学者查尔斯12岁时，在一个细雨霏霏的星期天下午，在纸上胡乱画，画了一幅菲力猫，它是大家所喜欢的喜剧连环画上的角色。他把画拿给了父亲。当时这样做有点鲁莽，因为每到星期天下午，父亲就拿着一大堆报纸和一袋无花果独自躲到他们家所谓的客厅里，关上门去忙他的事。他不喜欢有人打扰。

但这个星期天下午，他却把报纸放到一边，仔细地看着这幅画。"棒极了，查尔斯，这画是你徒手画的吗?" "是的。"父亲认真打量着画，点着头表示赞赏，查尔斯在一边激动得全身发抖。父亲几乎从没说过表扬的话，很少鼓励他们五兄妹。他把画还给查尔斯，说："在绘画上你很有天赋，坚持下去!"从那天起，查尔斯看见什么就画什么，把练习本都画满了，对老师所教的东西毫不在乎。

父亲离家后，查尔斯只有自己想办法过日子，并时常给他寄去一些认为吸引他的素描画并眼巴巴地等着他的回信。父亲很少写信，但当他回信时，其中的任何表扬都让查尔斯兴奋几个星期。他相信自己将来一定会有所成就。在美国经济大萧条那段最困难的时期，父亲去世了，除了福利金，查尔斯没有别的经济收入，他17岁时只好离开学校。受到父亲生前话语的鼓励。他画了三幅画，画的都是多伦多枫乐曲棍球队里声名大噪的"少年队员"，其中有琼·普里穆、哈尔维、

"二流球手"杰克逊和查克·康纳彻,并且在没有约定的情况下把画交给了当时多伦多《环球邮政报》的体育编辑迈克·洛登,第二天迈克·洛登便雇用了查尔斯。在以后的4年里,查尔斯每天都给《环球邮政报》体育版画一幅画,那是查尔斯的第一份工作。

没有什么比信心更能改变人的处境,信心就是人生最好的财富,拥有信心就等于拥有无限的可能。信心是成功的源泉,拥有信心就能在千百次毁灭中,重新筑建起自己的人生乐园。

解读了信心也就是解读了人生态度。如何才能找回信心呢?

1.要做好坐在前面的思想准备

你可能已发现,不论是什么样的集会,总是后面的座位先坐满。许多人愿意坐到后排,那是因为自己不想被人注目,不想引人注意,这很多是由于缺乏自信心的缘故。你要反其道而行之,坐到前面去,给自己带来信心。

2.正确对待失败,扬长避短

每个人遭遇一时的挫折乃至失败是非常正常的现象,对此,既要认真总结经验教训,又要持平常之心,不被"失败"击倒。每个人都有各自的优点和弱势,要全面正确地评价自己,既不对自己的长处沾沾自喜,也不要盯住自己的短处而顾影自怜。要善于发现和挖掘自己的优势,以弥补自己的不足。

3.宣传自我,广交朋友

良好的仪表会给自己带来良好的心情,你的好心情也会感染到别

人，使他人快乐，大胆向别人展示自己，让别人了解你。同时，朋友的关心会让你感觉温暖，朋友的夸赞会让你信心大增。有了朋友就好比有了一面镜子，有了朋友就像重新塑造了一个自我。朋友间的交流会在不经意间给你面对生活的灵感，有个信心十足的朋友也会把你带向有信心的氛围中。

4. 恒久的远景目标和规划

在心灵深处，对自己的未来发展要形成一个稳定、恒久的远景目标和规划。牢牢地把握这一目标，无论何时何地，只要影响你的消极思想一产生，理性的声音、积极的思想就应立即把它驱逐出去。只有当困难确实存在的时候才能考虑对策，藐视任何一个所谓的障碍，采取切实有效的办法把它们减少到最低限度，或者消灭，千万不要因为畏难心理而过高地估计它们。还要正确地估价自己的力量，不要因为敬畏别人而模仿别人，也不要变成一个自我中心主义者，但要保持应有的自尊。

5. 练习正视别人

一个人的眼神可以透露出许多信息，当一个人对你说话而不正视你的时候，你会不自觉地问自己："他想要隐藏什么呢？他怕什么呢？他会对我不利吗？""不正视别人"通常意味着——在你旁边我感到很自卑；我感到不如你；我怕你；我有罪恶感；我做了或想到了什么我不希望你知道的事；我怕一接触你的眼神，你就会看穿我等，而这些都是一些负面的影响。要正视他人，正视别人等于告诉他：我很有信心；我很诚实；我相信我告诉你的话是真的；毫不心虚。要让你的眼睛为你工作，就是要让你的眼神专注别人，这不但能给你信心，也能为你赢得别人的信任。

6.加快你走路的速度

许多心理学家将懒散的姿势、缓慢的步伐跟对自己、对工作以及对别人的不愉快的感受联系在一起。但是心理学家也告诉我们，借着改变姿势与速度，可以改变心理状态。你若仔细观察就会发现，身体的动作是心灵活动的结果。那些遭受打击、被排斥的人，走路都拖拖拉拉，完全没有自信心。普通人有"普通人"走路的模样，做出"我并不怎么以自己为荣"的表白。而有些人走起路来则表现出超凡的信心。抬头挺胸走快一点，你就会感到"信心"在你的心中滋长。

7.当众发言

有很多思维敏锐、天资聪颖的人，却无法发挥他们的长处，这并不是他们不想参与，而只是由于他们缺少信心。在会议中沉默寡言的人都认为："我的意见可能没有价值，如果说出来，别人可能会觉得我很愚蠢，我最好什么也不说。而且，其他人可能都比我懂得多，我并不想让他们知道我是这么无知。"这些人常常会对自己许下很渺茫的诺言："等下一次再发言。"可是他们很清楚自己是无法实现这个诺言的。长久下去，这些人就会愈来愈没信心。

不论是参加什么性质的会议，每次都要主动发言，要做"破冰船"，第一个打破沉默，也不要担心你会显得很愚蠢，因为总会有人同意你的见解。

8.要放声地笑，不要笑而不露

笑能给人增添信心，表明了"我有信心，我是一定能行的"。但要记住，培养起自己对事业的必胜信念，并非意味着成功便唾手可

得。信心不是空洞的信念，它是以学识、修养、勤奋为基础的，缺乏信心则是以无知为前提的。前者令人尊敬，后者受人嘲讽。真正的笑不但能治愈自己的不良情绪，还能马上化解别人的敌对情绪。如果你真诚地向一个人展颜微笑，他实在无法再对你生气。

有一天，吉姆的车停在十字路口的红灯前，突然间"砰"的一声，原来是后面那辆车撞了他车后的保险杠，他从后视镜里看到后面的司机下车，也跟着下车，准备痛骂他一顿。然而，吉姆还来不及发作，那个司机就走过来对他笑，并以诚挚的语调对他说："对不起，我实在不是有意的。"那个司机的笑容让吉姆的怒火消于无形，他低声说："没关系，这种事经常发生。"敌意也变成了友善。

以上八条原则和方法，用现代科学术语来说，就是"心理暗示法"。"信心"是一种心理状态，可以用"心理暗示法"去诱导出来。对你的潜意识重复地灌输正面和肯定的语气，是提高自信心最快的方式。

心灵悄悄话

信心是对自己、对生活、对未来充满自信的表现，是人魅力的源泉。信心表现在对生活充满乐观和进取的信念中，表现在克服生活、工作中遇到的困难的决心和勇气上。如果我们用一些正面的、肯定的、有信心的语言反复暗示和灌输给我们的潜意识，那么，这些东西就会在我们的潜意识中牢牢扎根，发展为我们的自信心。

信念成就奇迹

信念的力量是非常强大的。"信念会给人无穷的力量。"两支足球队在场上交锋，一队势如破竹，另一队节节败退。但是突然间，居劣势的那支队获得重大转折——可能是一记长传或中途拦截，获胜希望增强为一股信念，令球员个个士气大振。他们感到胜利在望，而这种感觉在对手眼神的刺激下更为强烈，许多球员因而心中想道：好，再拼下去！

俄罗斯有一个囚犯被判 99 年监禁，不会有人认为他能够活着出来，因为他出狱时已经 100 多岁了。可是这个囚犯就有这样一个信念：我一定要活着出去建立自己的家庭。就是在这个信念的支撑下，一个又一个狱友去世了，而他竟然活着出了狱。出狱后他真的建立了自己的家庭。

信念是人生巨大的能量供应站，有什么样的信念就会有什么样的人生。

信念的力量在于你即使身处逆境，它也是帮助你前进的风帆。

信念的魅力在于你即使遇到厄运，它也能召唤你生活的勇气。

信念的伟大在于你即使遭遇不幸，它也能保持你崇高的心灵。

信念，是蕴藏在你心中的一把永不熄灭的火炬，这把火炬是任何人、任何势力都无法扑灭的。要使人生不在平庸中度过，让生命放射出夺目的光辉，信念就是第一道光焰。

吉尔·金蒙特对自己的信念改变了她整个生活的方向。1955 年，

自信

18岁的金蒙特已是全美国最受喜爱、最有名气的年轻滑雪运动员了，她的照片被用作《体育画报》杂志的封面。金蒙特踌躇满志，积极地为参加奥运会预选赛做准备，大家都认为她一定能成功。

1955年1月，一场悲剧使她的愿望成了泡影。在奥运会预选赛最后一轮比赛中，金蒙特发生了一次意想不到的事故。她先是身子一歪，而后就失去了控制，像匹脱缰的野马，直冲下去。她竭力挣扎着想摆正姿势，可无济于事，一个个的筋斗把她无情地推下山坡。

金蒙特经过医院抢救，最终保住了性命，但她双肩以下的身体却是永久性瘫痪。金蒙特认识到活着的人只有两种选择：要么奋发向上，要么灰心丧气。她选择了奋发向上，因为她对自己的能力仍然坚信不疑。几年来，她整日与医院、手术室、理疗和轮椅打交道，病情时好时坏，但她从未放弃过对有意义的生活的不断追求。

历尽艰难，她学会了写字、打字、操纵轮椅、用特制汤匙进食。

1963年，金蒙特成了华盛顿大学教育学院的一位教师。想当教师，这可真有点不可思议，因为她既不会走路，又没受过师范训练。她向教育学院提出申请，但系主任、学校顾问和保健医生都认为她不适宜当教师。录用教师的标准之一是要能上下楼梯走到教室，可她做不到。但是任何困难都不能动摇她的决心。金蒙特的信念最终促使她历经艰难成就了她的梦想。

由于教学有方，金蒙特很快受到了学生们的尊重和爱戴。她教那些对学习不感兴趣、上课心不在焉的学生也很有办法。她向青年教师传授经验说："这些学生也有感兴趣的东西，只不过和大多数人的不一样罢了。"

后来，她父亲去世了，全家不得不搬到曾拒绝她当教师的加利福尼亚州去。

她向洛杉矶学校官员提出申请，可他们听说她是个"瘫子"就一口回绝了。金蒙特不是一个轻易就放弃努力的人，她决定向洛杉矶地区的90个教学区逐一申请。在申请到第18所学校时，已有3所学校

表示愿意聘用她。学校对她要走的一些坡道进行了改造，以适于她的轮椅通行。这样，从家里坐轮椅到学校教书就不成问题了。另外，学校还破除了教师一定要站着授课的规定。

从1955年到现在，很多年过去了，金蒙特从未得过奥运会的金牌，但她的确得了一块金牌，那是为了表彰她的教学成绩而授予她的。

人生的轨迹不是预定的，但无论是处于高峰还是低谷，坚强的信念永远都是一股巨大的动力，它可以推动你去做别人认为你不可能做到的事情。

这是一个真实的故事。

黑龙江省五大连池附近有个叫张云成的人，他在未出世时就生了一种叫"进行性肌营养不良"的病。听这病名似乎很"温柔"，但这种病的病症却异常地残忍。3岁开始"显形"，7岁不能跑跳，此后病情就急剧恶化，肌肉丧失了韧力，连杯水都端不动。两腿再也支撑不住身体的重量，没有了丝毫的自理能力，只能靠墙坐在炕上苦度残生。医生对这种病的"判决"是：最多存活28年。

没有什么事比知道自己的死期还痛苦。但就是这样，从12岁开始，只上过不到一天学的张云成却下了一个健康人都难以下的决心：在死去之前，写一本书，当一名作家。为了这个决心，他从学拼音开始，逐个地认识汉字，也慢慢了解了什么样的汉字组合在一起能表达某种意思。接着，他就用稍微能活动的食指和拇指挤住笔，歪歪扭扭地写起书来。由于没有自己以外的生活，他只能写自己，以及和自己患了同一种病的哥哥。写他患病的痛苦，写他想当作家的决心，写他学习拼音、认识汉字的过程，写他写作时的痛苦状态，也写为了照顾他们弟兄俩，母亲含辛茹苦、感天动地的爱……

不知道张云成现在书写成了没有，也不知道成书后能不能出版，

但这都不重要，重要的是他有了自己的信念，一个坚定的信念能改变一个人的人生状态。用他自己的话说："在这个世界上，我存在过、奋争过……"

安东尼·罗宾曾对信念有过如下定义："信念乃是对于某件事有把握的一种感觉。比如说当你相信自己很聪明，这时说起话来的口气便十分有力量：'我认为我很聪明。'当你对自己的聪明很有把握时，就能充分发挥潜力，做出好的成绩来。对于任何事每个人都有自己的主见，即或不然也能从别人那里问得答案；然而自己若是个优柔寡断的人，亦即没有坚定信念或对自己实在是没有把握，那么就很难充分发挥所拥有的各样能力。"

心灵悄悄话

信念是成功的起点，是托起人生大厦的坚强支柱。人生旅途中，不可能总是一帆风顺，柳暗花明事遂人愿。有的人身躯可能先天不足或后天病残，但是他却能成为生活的强者，创造出常人难以创造的奇迹，这靠的就是信念。对于一个有志者来说，信念是立身的法宝和希望的长河。

高昂的自信心

几年前，约翰逊经营的是小本日杂百货买卖。他过着平凡而又体面的生活，但并不理想。他家的房子既窄小又陈旧，也没有钱买他们想要的东西。约翰逊的妻子并没有抱怨，很显然，她只是安于天命，实际上生活得并不幸福。

但约翰逊的内心深处变得越来越不满。当他意识到爱妻和他的两个孩子并没有过上好日子的时候，心里就感到深深的刺痛和内疚。

就是那种对妻子和孩子的歉疚使他有了今天。现在，约翰逊有了一所占地2英亩的漂亮新家，对他们来说空间已经够大，而家里的设计能让人感觉很舒适。他和妻子再也不用担心能否送他们的孩子上一所好的大学了，他的妻子在花钱买衣服的时候也不再有那种犯罪的感觉了。有一年，他们全家都去欧洲度假，并在欧洲度过了一个难忘的圣诞。约翰逊过上了真正的生活。

约翰逊说："这一切的发生并不是偶然的，是因为我利用了信念的力量。几年以前，我听说在休斯敦有一个经营日杂百货的工作。那时，我们还住在亚特兰大。我决定试试，希望能多挣一点钱。我到达休斯敦的时间是星期天的早晨，但公司与我面谈还得等到星期一。

晚饭后，我坐在旅馆里静思默想，突然觉得自己是多么的可憎。'这到底是为什么，上帝怎么这样对我！'我问自己'为什么我总是逃脱不了失败的命运呢？'"

约翰逊不知道那天是什么力量促使他做了这样一件事：他取了一张旅馆的信笺，写下几个他非常熟悉的、在近几年内远远超过他的人

的名字。他们取得了更多的权力和工作职责。其中一个原是邻近的农场主，现已搬到更好的边远地区去了；另一位约翰逊曾经为他工作过；最后一位则是他的妹夫。

约翰逊问自己：什么是这三位朋友拥有的优势呢？他把自己的智力与他们做了一个比较，约翰逊觉得他们并不比自己更聪明；而他们所受的教育，他们的正直、个人习性等，也并不拥有任何优势。终于，约翰逊想到了另一个成功的因素，即主动性。约翰逊不得不承认，他的朋友们在这点胜他一筹，而他总是被逼无奈时才采取某些行动。

当时已快深夜2点钟了，但约翰逊的脑子却还十分清醒。他第一次发现了自己的弱点。他深深地挖掘自己，发现缺少主动性是因为在内心深处，他并不看重自己，对自己没有信心，更别谈什么远大的抱负。

约翰逊回忆着过去的一切，就这样坐着度过了一夜。从他记事起，约翰逊便缺乏自信心，他发现过去的自己总是在自寻烦恼，自己总对自己说不行，不行，不行！他总在表现自己的短处，几乎他所做的一切都表现出了这种自我贬值。

终于约翰逊明白了：如果自己都不信任自己的话，那么将没有人信任你！

于是，约翰逊做出了决定："我一直都是把自己当成一个二等公民，从今后，我再也不这样想了，我要成为一个优秀的公民，一个优秀的丈夫，一个优秀的父亲。"

第二天上午，约翰逊仍保持着那种高昂的自信心。他暗暗以这次与公司的面谈作为对自己自信心的第一次考验。在这次面谈以前，约翰逊希望自己有勇气提出比原来工资高一到两倍的要求。但经过这次自我反省后，约翰逊认识到了他的自我价值，因而把这个目标提到了三倍。

结果，约翰逊达到了目的。他获得了成功。

一个人，可能犯错误，但是不能丧失尊严。只有捍卫了自己的尊严，信念才不会缺失，人生的阵地才不会陷落，才能够克服重重困难，获得辉煌的人生。

当我们真正感到困惑、受伤甚至痛苦时，我们会从柔弱中产生力量，唤起不可预知无比威力的愤慨之情。人立命于世，首先要自尊自重，遭到歧视，决不低头，在强大的势力面前不卑不亢，这样就会赢得别人的敬重。

心灵悄悄话

许多人缺少的不是能力，而是自信的气质，所以这些人很难成功。世界上许多困难的事情都是由一些自信心十足的人完成的。如果你有了强大的自信心，成功离你就很近了。

第三篇　信心比黄金更重要

信念让人常胜不败

只要你心里有一个信念，你就一定能赢。

两个月前，10 岁的玛莎失去了父亲，现在，她只有和母亲相依为命。明天就是圣诞节了，母亲掏出仅有的 5 美元递给玛莎，让她上街给自己买点礼物。

走出家门，玛莎拿着钱先是找到了奥克多医生。她把 5 美元递给医生，小声请求道："奥克多医生，您能再帮我母亲做一次腰椎按摩吗？"奥克多轻轻地摇了摇头，无奈道："玛莎，5 美元不够的——最少也得 50 美元……"玛莎失望地走出诊所。

这时，她发现大街的一角围了一些人，玛莎挤进去一看，是一个街头的轮盘赌。

轮盘上依次刻着 26 个阿拉伯数字，每个数字对应一个英文字母，不管你押多少，也不管你押什么数字，只要轮盘转两圈后，指针能停在你的选择上，你都将获得 10 倍的回报。

看到玛莎还是个小女孩，轮盘赌的主人拉莫斯就冲她挥挥手，示意让她走开。玛莎没有退缩，她犹豫了一会，把手中的 5 美元放在了第 12 格上。轮盘转两圈后，停在了第 12 格，玛莎的 5 美元变成了 50 美元。轮盘再次转动前，玛莎把 50 美元放在了第 15 格。玛莎又赢了，50 美元变成了 500 美元。

人们开始注意玛莎，拉莫斯问："孩子，你还玩吗？"玛莎把 500 美元放到了第 22 格，结果，她拥有了 5 000 美元。拉莫斯的声音颤抖了："孩子，继续吗？"玛莎镇定地把 5 000 美元押在了第 5 格。所有

的人都屏住了呼吸。不到一分钟后，有人忍不住惊呼："上帝啊，她又赢了！"拉莫斯快哭了："孩子，你……"玛莎认真道："我不玩了，我要请奥克多医生为我妈妈按摩——我爱我的妈妈！"

玛莎走后，拉莫斯像呆了似的凝视着自己的轮盘，突然，他痛苦地说道："我知道我输在哪里了，这个孩子是用'爱'在跟我赌博啊！"人们这才注意到，玛莎投注的"12、15、22、5"四个数字，对应的英文字母正是"L、O、V、E"！

生存和成功的力量往往蕴藏在内心深处，不易被发现，哪怕是这种力量的拥有者也可能并不知晓，它往往只有在危急时刻才能被激发，并最终像火山一般爆发出震慑的威力。从另一方面来说，能激发你潜能的人或因素，是值得你一生感激和铭记的。

一支法国军队正在狂风暴雨中艰难地行进着。雨水和着汗水已经使他们全身湿透，个个像落汤鸡一样。队伍当中的统帅也同士兵一样，任由雨水浇在身上。队伍的前面是骑兵，后面是步兵，统帅和他的卫队则在队伍中间。

道路非常狭窄，在大雨中，只有路两旁高大的树林能够使人感到另一种存在。

统帅心里想道："这样的鬼天气，敌人一定会认为我们行军会非常困难和缓慢，那么，就让自己的军队突然出现在敌人的面前吧！"想到这里，他传令："行军速度决不能减慢，要全速前进！"

这时，一个传令兵突然从前方向统帅奔来，那一定是前边的将军有什么事要请示统帅。骑兵们靠着路的边缘给传令兵闪开了道路，以让他能够更快些到达统帅那儿。就在传令兵到达统帅面前的时候，统帅卫队中的一个士兵因为给传令兵让路，连人带马滑进了路旁的一个池塘中。那战马落水之后，本能地往上一跃，一下就跳了上来，不想却将士兵甩入了水中，士兵一阵挣扎之后，开始惊恐地高呼："救命啊！救命！"

这一切都被统帅看在眼里，统帅脸上的表情突然庄重起来，甚至

有些愤怒，他为落水士兵的狼狈相感到不可容忍。

这时，旁边的一个士兵就要下水去救他，只见统帅立即举起了一只手阻止他，那双刚毅的眼睛死死盯着水中的士兵。雨滴在那士兵的周围砸起密密麻麻的泡泡，这名士兵虽然也呛了水，但他还能够始终让自己浮在水面上，这说明他还会一些简单的水中功夫。

看到这里，统帅一声冷笑，掏出了他的短枪，指向落水的卫兵。将士们都被统帅不可思议的举动惊呆了，他们将目光都集中在统帅和那名水中挣扎的士兵身上，他们搞不清楚将要发生什么。

这时，那水中的士兵也被统帅的举动给吓住了，他停止了喊叫，呛了一口水，一边挣扎，一边惊愕地观察着统帅。

只见统帅把枪指向水中的士兵，威严地喊道："我命令你立即上岸，否则，我就枪毙了你！"

那士兵立即就瞄准了岸边一阵猛烈的扑通，虽然显得十分笨拙，但还是一点一点地离近岸边，最后，他终于自己爬了上来。

他浑身湿漉漉的，像一只落汤鸡，但他立即冲着持枪站在士兵中间的统帅跪下："元帅大人，我不小心掉进湖里，幸亏您救了我。只是卑职不懂，我都快要淹死了，您为什么还要枪毙我？"

统帅哈哈大笑："傻瓜，不吓你一下，你还有勇气游上岸吗？那你才会真的被淹死呢！"

士兵们拍拍脑袋，恍然大悟，朝统帅投去感激的目光。原来，统帅是用死来逼出士兵的求生意识，进而游回岸边，达到了成功救人的目的。

统帅把枪收起，问他的将士："你们说，如果他淹死了，是水把他淹死的吗？"

没有人回答，但是许多人沉思地点头，他们知道了那个答案。

"在战斗中，将士们，你们经常会处于孤立无援的境地，甚至只有你一个人，难道你就被恐惧和绝望给击倒了吗？你就不战斗了吗？惊惶失措和绝望永远不会拯救你！"统帅的声音盖过了雷声。

统帅的手伸向传令兵，传令兵这才想起自己的使命。

据说那一仗打得很激烈。但是这支军队胜利了。

那个统帅就是大名鼎鼎的拿破仑。

心灵悄悄话

　　每个人都渴望生命，越是渴望，就越有力量，越有力量，就越能生存下去。成功也是一样，当渴望成功像渴望生命一样时，就有足够的力量去奋斗，去与困难作斗争。

第三篇　信心比黄金更重要

最优秀的人就是你自己

你可以敬佩别人，但绝不可忽略了自己；你也可以相信别人，但绝不可以不相信自己。

风烛残年之际，柏拉图知道自己时日不多了，就想考验和点化一下他的那位平时看来很不错的助手。他把助手叫到床前说："我需要一位最优秀的承传者，他不但要有相当的智慧，还必须有充分的信心和非凡的勇气……这样的人选直到目前我还未见到，你帮我寻找和发掘一位好吗？"

"好的，好的。"助手很温顺很诚恳地说："我一定竭尽全力地去寻找，以不辜负您的栽培和信任。"

那位忠诚而勤奋的助手，不辞辛劳地通过各种渠道开始四处寻找。可他领来一位又一位，却被柏拉图一一婉言谢绝了。有一次，病入膏肓的柏拉图硬撑着坐起来，抚着那位助手的肩膀说："真是辛苦你了，不过，你找来的那些人，其实还不如你……"

半年之后，柏拉图眼看就要告别人世，最优秀的人选还是没有眉目。助手非常惭愧，泪流满面地坐在病床边，语气沉重地说："我真对不起您，令您失望了。"

"失望的是我，对不起的却是你自己。"柏拉图说到这里，很失望地闭上眼睛，停顿了许久，又不无哀怨地说："本来，最优秀的人就是你自己，只是你不敢相信自己，才把自己给忽略、给耽误、给丢失了……其实，每个人都是最优秀的，差别就在于如何认识自己、如何发掘和重用自己……"话没说完，一代哲人就这样永远离开了这个世界。

那位助手非常后悔，甚至整个后半生都在自责。

你可以敬佩别人，但绝不可忽略了自己；你也可以相信别人，但绝不可以不相信自己。每个向往成功、不甘沉沦者，都应该牢记柏拉图的这句至理名言：最优秀的人就是你自己！

在一个人的心态与性格中，有非常重要的一点，那就是如何看待自我。如果一个人对自我没有一个清醒的认识，那也很难谈到客观地对待外部世界。自信是在客观地认清自己的现状之后而仍保持的一种昂扬斗志。自信就是成功者必须依赖的精神潜能。

有人在研究当代世界名人成长经历后发现，这些名人对自我都有一种积极的认识和评价，表现出相当的自信。因为他们首先自信，所以才会相信自己的选择、相信自己的事业有成功的可能，所以才会坚持到底，直至达到自己的目标。

在现代社会，一个人要想成就一番大业，单凭单枪匹马的拼杀是不够的，它更需要众多人的支持和合作，这样，自信就显得尤为关键。一个人只有首先相信自己，才能说服别人来相信你；如果连自己都不相信，那么这意味着他已失去在这个世界上最可依靠的力量。

凡是有自信心的人，都可表现为一种强烈的自我意识。这种自我意识使他们充满了激情、意志和战斗力，没有什么困难可以压倒他们，他们的信条就是：我要赢，我会赢！

自信是一面充满魅力的旗帜，它会把好运招致旗下。在充满自信的人身边，总会聚集一批受其感染的人，与他一道，共同开拓事业。

在当代许多世界名人中，有些人是相当自信的，有时甚至给人以一种说大话、吹牛皮的感觉。但是，他们确实有的做到了，有的仍在努力去做。但无论如何，自信都给他们以一种前进的动力，使他们敢于去攀登人迹罕至的事业高峰，创出一番骄人的业绩。

自 信

毋庸置疑，世上只有那些有责任心、肯负责任的人，才能获得成功；只有那些自信言必行、行必果的人，才能成就大的事业。要承担起对事业的责任，首先必须要有坚强的自信力，要始终自信做任何事情都能成功——绝对能够成功！

一个人没有自信心时，任何事情都不会做成功，就像没有脊椎骨的人是永远站不起来的一样。

世上没有什么真正的困难和障碍能够阻挡一个自信力很强的人前进的道路。班扬被投进监狱后，仍然写出著名的《圣游记》；弥尔顿被挖掉眼睛之后，仍然写出了《失乐园》；帕克曼能写成《加利福尼亚与俄勒冈小道》，靠的也是他一往无前的决心。无数成功的大家名流之所以能有今天的地位，也无非是靠他的自信。像这一类成功者的例子不知有多少，而他们的成功都是以坚强的自信力为后盾的。

一个人的潜能就像水蒸气一样，其形其势无拘无束，谁都无法用有固定形状的瓶子来装它。而要把这种潜能充分地发挥出来，就一定要有坚定的自信力。

对一个人的事业来说，自信心可以创造奇迹。自信使一个人的才干取之不尽、用之不竭。一个缺乏自信的人，无论本领多大，总不能抓住任何一个良机。每遇重要关头，总是无法把所有的才能都发挥出来，所以，那些绝对可以成功的事在他手上也往往被弄得惨不忍睹。

心灵悄悄话

一切胜利只属于各方面都有把握的人。那些即使有机会也不敢把握、不能自信成功的人，只能获得一个失败的结局。唯有那些有十足的信心、能坚持自己的意见、有奋斗勇气的人，才能保持事业上的雄心，才能获得成功。

第四篇 >>>
我拿诚心换取真心

以诚待人，能够获得人们的信任。发现一个开放的心灵，经过努力得到一位用全部身心帮助自己的朋友。这就是用诚心换真心。

如果人们在发展人际关系、与人打交道时，去除防备、猜疑的心理，代之以真诚同别人交往，那么就能获得出乎意料的好结果。

真诚不是智慧，但是它常常放射出比智慧更诱人的光茫。有许多凭智慧千方百计也得不到的东西，通过真诚，却轻而易举就得到了。正所谓"阳气发处，金石亦透，精神一到，何事不可成？"

真诚待人最实惠

忠、孝、信、义，是历代封建统治者竭力宣扬的伦理道德，也是他们借以维护其政权的策略。乐毅投奔赵国而不谋图燕王，蒙恬至死而不反叛秦国，关羽降归曹操而不忘刘备等，均为历代封建政治家传为美谈。而君王呢？则采取弘扬信义的方式，来取信于人。同样的道理，在现代的社会发展中，信也是第一位的，以信义服人，人不得不服。

建安五年，曹操出兵东征。刘备被迫投奔袁绍，而关羽则为曹操捕获，拜为偏将军。曹操对关羽十分尊重，待之以厚礼。后来，曹操发现关羽心神不宁，并没有久留的意思，于是就对张辽说："你去试着问问关羽，看他是否愿意留在这里。"于是，张辽来到关羽的住处，询问关羽的意见，关羽叹息说："我知道曹公对我厚爱，但是我既受到刘备的知遇大恩，并起过同生共死的誓愿，是不能背弃信义的。所以，我总有一天要离开，但在离开之前，对曹公一定会有所回报的。"张辽转告了曹操，曹操敬重关羽的义气，并没有因此而为难他。

后来，关羽诛颜良杀文丑，并解了曹操的白马之围，曹操知道他肯定是要走了，于是又重重赏赐了关羽。然而，关羽却把曹操所有赏赐的东西，原封不动地包好留下，投奔正在袁绍军营里的刘备去了。曹操的部下要去追杀关羽，曹操说："人，各有其主，不要去追他。"

后人对曹操处理这件事的做法极其赞赏。认为曹操赏识关羽对刘

备的忠，因而成全关羽的义，具有帝王的气概和风度。但是在今人看来，曹操这样做，不过是借以显示其仁义罢了，目的是取信于民，图谋霸业。由此我们可以看出，即使是像曹操这样的人，都不敢失去信义，可见信义对一个人来讲是多么重要啊！

成吉思汗以异族入主中原后，为了统治需要，提倡忠君思想，并以此作为维护统治的精神支柱。对待归降的将士，凡是背弃和戳杀旧主的，一律处死；凡放走旧主，为掩护旧主而积极抵抗的，反而以礼相待，并予以重赏。

据历史记载：桑昆曾设计谋害成吉思汗，后来桑昆战败出逃，他的儿子间阔出盗走桑昆的坐骑，将桑昆丢弃在荒野上，独自来向成吉思汗投降。成吉思汗说："这样的人，怎么能做我的部下？"于是杀死了间阔出。

成吉思汗对待王汗却是另一番情形。王汗与成吉思汗奋战三天三夜，最后精疲力竭，准备投降。投降前，王汗对成吉思汗说："请您让我的部下走得远些，这样的话，您让我死，我便死，赐我活，我就为您效劳。"成吉思汗说："不肯背弃主人，而教部下逃得远远的，一个人同我厮杀，这难道不是大丈夫的作为吗？这样的人可以做我的助手啊。"

其实，成吉思汗只不过也是借其二人显忠劝义罢了。

在春秋战国时期，诸侯纷争天下之际，更是以"信义"争取民心。

西门豹治邺时，将粮食储藏在民间，说好战争一爆发，便以鼓为号，立即将粮食集中起来。魏文侯不相信，于是西门豹登上城楼，下令击鼓。第一遍鼓响之后，百姓们有用肩背的，有用车装的，迅速把粮食集中起来。魏文侯说："算了，让他们回去吧！"西门豹说："在老百姓中建立信义不是一天就可以完成的。一旦欺骗了他们，以后就不能再取信于民了。现在燕国侵占了我国的八个城市，我请求率军向北反击，以收复被侵占的城池。"于是，西门豹举兵讨伐燕军，收复失地后凯旋。

司马光曾经说过："信义，是君王的最大法宝。国家靠人民保护，人民靠信义保护。不讲信义，就无法使唤人民；没有人民，就没有办法守卫国家。所以，古代的君王，不欺骗天下之人；称霸天下的人，不欺骗邻国；善于治理国家的人，不欺骗自己的臣民；善于持家的人，不欺骗自己的亲人。不善于称王称霸，治国持家的人正好相反，欺骗邻国，欺骗百姓，甚至连自己的兄弟父子也要欺骗。上面不相信下面，下面也不相信上面，上下离心离德，最终导致失败。这岂不是太可悲了吗？"

司马光之言，确有一番道理。人际交往中，诚信的建立非常重要，首先示人以诚，各种策略才能有效实行。如若失信于人，任你再高明的计划也无法实现，任何事业都很难做成。

心灵悄悄话

也许你什么都没有，但是你可以用真心去对待别人，那么你也会得到同样的回报和尊敬。付出真心报之以真心，真诚待人最实惠。

坚守信用得信任

"得人心者昌",而得人心,坚守信用是重要原因之一。历史事实都反复证明,凡得人信任的就可能成事。春秋时的齐桓公、晋文公能成霸业,守信起了很重要的作用;三国时的诸葛亮能打败魏军杀张郃,与其以信而得军心为之死战大有关系。

信守盟约,齐桓树誉诸侯。齐桓公,姓姜,名小白,春秋时齐国国君,是春秋时第一个霸主。他曾多次令诸侯订立盟约,即使订立了不利于己的盟约,他也能遵守,因而树威于诸侯,诸侯都拥护他为霸主,听从其约束。齐桓公生平见《史记·齐太公世家》:

小白是齐襄公弟,襄公被杀死,他从莒回国取得政权,任命管仲进行改革,国力富强,以"尊王攘夷"相号召,争为霸主。他起兵伐鲁。当鲁国将败时,鲁庄公请献遂邑求和,桓公同意,与鲁会盟于柯。鲁将盟时,曹沫以匕首劫桓公于坛上,说:"反(返)鲁之侵地!"桓公不得已答应了,于是曹沫便回到鲁臣的座位。桓公后悔,想不归还占据的鲁地并杀掉曹沫,管仲说:"夫劫许之而倍信杀之,愈一小块耳,而弃信于诸侯,失天下之援,不可。"于是,桓公将侵占的鲁地归还鲁国。诸侯听到这事,都认为桓公言而有信,能遵守盟约,都愿意归附齐国。之后,诸侯与桓公会盟于甄,桓公成为天下霸主。

桓公成为霸主后,不以武力威吓他国,而是扶弱救弱。山戎攻伐燕国,燕国向齐国告急,齐桓公立即起兵救燕,率兵将山戎驱逐到孤竹而还。燕庄公感激齐国救援，热情地送桓公直到齐国境界。桓公说："非天子，诸侯相送不出境，吾不可以无礼于燕。"于是割燕君所到属于齐国之地给燕国。诸侯国闻之，都赞扬桓公能救人又遵礼，对桓公更加敬佩，这进一步巩固了齐国的霸主地位。

齐桓公能被诸侯奉为霸主，他不只是靠国力强大，更不是只靠武力进行威吓，主要是布信义于天下。桓公同意归还鲁地，和救燕国之急又能遵礼割地，这两件事都说明桓公能弃小以得大，还地割地对齐国虽有不利，而相对来说，这损失是小事，但从大的方面来说，他都取得了诸侯的充分信任，获得并巩固了霸主的地位。

心 灵悄悄话

信任人，人就信任你；真诚待人，人就真诚待你。也许世界上多了一份真诚，就少了很多谎言与奸诈。拿出真诚，让世界因为真诚而变得美好。

第四篇 我拿诚心换取真心

充分了解诚信以待

在付出诚信之前必须先对对方有所了解，这并非是要我们刻意对人心存疑惧。只是因为坚守诚信之道，我们常会误信小人，甚至因而招致祸害，因此在决定对人赋予全然信任前，必先对其长期试炼！

由于不擅作假，在初识的友人面前，有些人总是矜持而有所保留的。这么做的唯一理由是，自己会不会在哪一天，又再如过往于种种人际关系中曾经遭遇的那样，被恶意误解，乃至被伤害……

或因事事讲求速度使然吧？生活在网络时代的人们，似乎总不愿多花一丁点儿的时间与心力，去细细辨识了解别人言语及心中的真意。"当人们复述别人的话语之时，总会将别人的话做极大改变。那是因为：他根本不了解别人的话。"百余年前，歌德即如是说道。

"了解"不仅可为我们纷繁错杂的人际关系免去许多原即不必要的误解与伤害，更重要的是，若没有它我们该如何在这常是尔虞我诈的世界里，明辨自己付出的百分百真心诚意与信任，是否不慎错置对象？

当魏文侯决定任命乐羊为领军攻打中山国的主将后，朝廷内外便不时有人劝阻魏文侯："大王，乐羊的儿子乐舒，可是在中山国担任显要官职的人！您怎能让乐羊一肩挑起这要务呢？"然而在针对此事进行极为详尽的了解后，魏文侯仍不改初衷，依旧派乐羊率领军队，前往中山国！

不料，待乐羊领军抵达中山国时，中山国的国君，却强硬地命令乐舒，去为自己要求乐羊"延迟攻城时间"！而乐羊便也顺势，让魏国的军队一直驻守在中山国城门外，久久没有发动攻势。

如此，一个月，两个月，三个月……这消息传回魏国，朝中的大臣们，自是对此怨声载道。而关于乐羊的诸多谣言，更是甚嚣尘上！

这时候，只有魏文侯一个人，仍对乐羊坚信不疑。他相信，乐羊之所以迟迟未攻城，定有他的道理，绝非如传言所指，是因他的儿子乐舒！事实上，也正如魏文侯所认定，乐羊不攻城，确实自有其道理。他等待着，等着要让中山国的百姓们，亲眼目睹他们的国君是如何的不讲信用，以至于一次又一次地，要求乐舒来向身为敌军主将的自己，延后魏军的攻城时间！过了不久，中山国的国君为了胁迫乐羊，便下令将乐舒煮成肉羹，差人送给乐羊！见到这肉羹的乐羊，力持镇定地坐在军帐下，端起它，逼自己硬生生地吞了下去……

之后，乐羊随即下令攻城！至此，因中山国国君果如乐羊所料，已彻底失去了百姓对他的信任，所以面对魏军的进击，中山国一战即败！待乐羊凯旋归国，魏文侯不但亲自出城迎接乐羊，还为他举行了盛大的庆功宴！在庆功宴上，魏文侯赐予乐羊两箱礼物。当乐羊回到家，将这两个箱子打开一看，才发现里面竟全都是大臣们弹劾自己的奏章！

于是翌日，乐羊赶紧去向魏文侯谢恩！正因先前已有充分的了解，魏文侯才能真诚地对乐羊如此信任。

心灵悄悄话

"当人们复述别人的话语之时，总会将别人的话做极大改变。那是因为：他根本不了解别人的话。"百余年前，歌德即如是说道。只有诚信之人，才能得到如此的信任，诚信让人与人之间拉近了距离。

讲信誉受益终生

一个人拥有一个良好的信誉就如同拥有一笔无形无价的财富，只要你会去经营它，不去损害它，那它就是取之不尽用之不竭的宝藏，你可以一辈子享用它。不论是你认识的还是不认识的人，他们都会尊重你，乐于和你交往，乐于和你合作。

亚伯拉罕·林肯是一个长相并不出色的人，而且身材并不高大伟岸，但他的正直诚实的人格却为他赢得了信誉，在全美国人民的心目中，林肯是高大的。在美国南北战争中，这个相貌平凡的男人指挥着他的人民，战胜了强大的奴隶主的军队，罩在林肯头上的信誉光环在激励人民为自由和正义而战斗上起到了至关重要的作用。直到林肯被刺杀，林肯的话和他的声音都为美国人民所崇尚，而到今天，他仍然活在美国人民的心中。

在我国古代，由于讲信誉而得天下之例比比皆是，在战国就有个典型人物，晋文公。

晋文公，姓姬，名重耳，献公子。由于献公立幼子奚齐为嗣，他流亡在外十九年。流亡生活，使他历尽艰难险阻，也使他增广见闻，了解各国兴亡经验和其他各种情况，在锻炼中不断成长。后回国即位，他任用贤臣，整顿军队，发展生产，国势强盛。他以"尊王"相号召，并能以信为本，因而得到诸侯国的佩服，这对他能成为霸主起了重要的作用。现举晋文公守信二事如下：

一是退避三舍。重耳流亡楚国，楚成王厚待之，问重耳，"子即反（返）国，何以报寡人？"重耳说："即不得已，与君王以兵车会平原广泽，请辟（避）王三舍（九十里）。"后晋楚争霸，矛盾激化，楚将子玉进军击晋师。晋文公守约"避三舍"，退到成濮，始与楚军战，楚军败。

二是如约退师。晋文公为周王室平乱有功，周襄王赐其温、原两地，两地之主不服，文公便起兵伐原，与士大夫约定三日攻下原，到期原不降，文公下令撤军。前往侦察的谍报人员回来说，原快要投降了，有的官员说："原将降矣，君不如待之。"文公说："信，国之宝也。得原失信，吾不为也。"原人闻之，敬佩文公有信就投降了。

上述事件，说明文公在争霸中很重视信，将之视为"国宝"，因此，他说了话就算数，曾与楚王约如与楚战将退避三舍，后果如此；约定三日攻不下原就如期撤军，文公如此重视信用，这在诸侯中引起了很大的反响。原投降后，温地人也自动归顺，诸侯国因文公有信誉都随之归顺，文公终于继齐桓公之后成为霸主。

心灵悄悄话

也许，你认为自己真诚守信了，却得不到回报；也许，你会认为你吃亏了。但是这些想法是不正确的，因为信誉将使你受益终生。

第四篇　我拿诚心换取真心

真诚是人与人交往的试金石

真诚是人与人交往的试金石，如果我们想得到别人的信任，首先就要先付出自己的真诚，哪怕只是平淡的一句话、细小的一个动作，也许日后就会得到别人成倍的回报。

诚信是做任何事情的首要条件。如果自己做不到就不要轻易承诺，承诺是极为慎重的事情，一个没有信用的人会失去整个世界。

1754 年，美国独立以前，弗吉尼亚殖民地议会选举在亚历山大里亚举行。后来成为美国总统的乔治·华盛顿当时作为这里的驻军长官也参加了选举活动。

选举最后集中于两个候选人。大多数人都支持华盛顿推举的候选人，但有一名叫威廉·宾的人则坚决反对。为此，他同华盛顿发生了激烈的争吵。

争吵中，华盛顿失言说了一句冒犯对方的话，这无异于火上加油。脾气暴躁的威廉·宾怒不可遏，一拳把华盛顿打倒在地。

华盛顿的朋友围了上来，高声叫喊要揍威廉·宾。驻守在亚历山大里亚的华盛顿部下听说自己的司令官被辱，马上带枪赶了过来，气氛十分紧张。

在这种情况下，只要华盛顿一声令下，威廉·宾就会被打成肉泥。然而，华盛顿是一个头脑冷静的人，他只说了一句："这不关你们的事。"就这样，事态才没有扩大。

第二天，威廉·宾收到了华盛顿派人送来的一张便条，要他立即到当地的一家小酒店去。威廉·宾马上意识到，这一定是华盛顿约他决斗。于是，富有骑士精神的他毫不畏惧地拿了一把手枪，只身前往。

一路上，威廉·宾都在想如何对付身为上校的华盛顿。但当他到达那家小酒店时却大感意外：他见到了华盛顿的一张真诚的笑脸和一桌丰盛的酒菜。

"宾先生，"华盛顿真诚地说，"犯错误乃是人之常情，纠正错误则是件光荣的事。我昨天是不对的，你在某种程度上也得到了满足。如果你认为到此可以和解的话，那么请握住我的手，让我们交个朋友吧。"

宾被华盛顿的宽容感动了，忙把手伸给华盛顿："华盛顿先生，也请你原谅我昨天的鲁莽与无礼。"

从此以后，威廉·宾成为华盛顿坚定的拥护者。

当华盛顿被打倒在地时，是很容易失去理智，做出一些悔恨终身的事的。况且他当时人多势众，如果他是一个不肯"吃眼前亏"的人，就会睚眦必报，严惩对手。可贵的是华盛顿能保持冷静，没有追究谁是谁非，而是以宽容的态度来解决问题，率先伸出了友谊之手，把一个对手变成了忠诚的拥护者，真不愧具有领袖风范。

心灵悄悄话

人的心灵只要完全真诚，那么就连金石也可以雕琢。如果一个人虚伪奸邪，空有一副躯壳，真正的灵魂早已消亡，与人相处会让人觉得面目可憎，独自一个人时也会感到空虚甚至感到自惭形秽。

至诚待士，士皆信之

得人心，人归附，这是成事之本。要得人心，便是要人信任他，这就要求自己要有信誉，要以诚待人。

战国四公子都有诸多宾客，而最得士心的首推信陵君。这是因他待士以诚，士诚心归之。《史记·魏公子列传》中有详细的记载：信陵君，即魏公子无忌，他不因自己是贵公子而看不起人，能礼贤下士，"士无贤不肖皆谦而礼交之"，士闻其名，远在数千里外的也争来归之，宾客达三千人之多。作者评论说："天下诸公子亦有喜士者矣，然信陵君之接岩穴隐者，不耻下交，有以也。"并引《索隐》述赞说："信陵下士，邻国相倾以公子故，不敢加兵。颇知朱亥，尽礼侯嬴。遂却晋都，终辞赵城。毛、薛见重，万古希声。"从信陵君得交侯嬴、朱亥，得他俩之助，以及"博徒卖浆者"毛、薛两公，充分说明信陵君因以诚得士。

侯嬴是个隐士，是大梁夷门的看门人，信陵君知他贤而贫，派人去请，送他厚礼，他坚辞不受。于是，信陵君先摆酒大会宾客，宾客坐定了，信陵君就亲自驾车去迎接侯嬴，侯嬴穿着破旧衣服，不客气地坐上信陵君虚留的上位，却见信陵君很恭敬地执辔驾车，经过街市上时，侯嬴叫停车，下车久立与屠者朱亥说话，斜眼察看信陵君，见他颜色温和，没有不耐烦的表现。这时魏将相宗室宾客满堂，等候信陵君回来举酒，及至，却请侯嬴坐上位，向宾客介绍，宾客大惊。酒酣，信陵君举酒为侯嬴祝寿，侯嬴感动地说："今日嬴之羞公子亦足

矣。嬴乃夷门抱关者也，而公子亲枉车骑，自迎嬴于众人广坐之中，不宜有所过，今公子故守之，然嬴欲就公子之名，故久立公子车骑市中，过客以观公子，公子愈恭。市人皆以嬴为小人，而以公子为长者能下士也。"从此，信陵君尊侯嬴为上客。

后秦攻赵，魏派晋鄙将兵救赵，因怕秦不敢前，信陵君因其姊及姊夫平原君之故，想救赵而无策，幸得侯嬴为之出谋献策，并请朱亥协助，夺取晋鄙兵权，率兵击秦，秦军撤退。

信陵君因夺君权救赵不敢归而留赵。时赵有赌徒毛公和卖酒的薛公，信陵君早已知两人是隐迹于市肆中的贤士，要拜见两人，两人自匿不肯见。后知两人所在，便与之游，甚欢。平原君知道了，对其夫人说："始吾闻夫人弟天下无双，今吾闻之，乃妄从博徒卖浆者游，公子妄人耳。"夫人将平原君的话转告其弟信陵君，信陵君说："始吾闻平原君贤，故负魏王而救赵，以称平原君。平原君之游，徒豪举耳，不求士也。无忌自在大梁时，常闻此两人贤，至赵，恐不得见。以无忌从之游，尚恐其不能欲也。今平原君乃以为羞，其不足从游。"便假装说要归去。夫人将此告知平原君，平原君向信陵君道歉，固留之。平原君的宾客知道了，有一半归附信陵君，天下士也纷来归之。

后秦攻魏，魏王请信陵君归将兵抗秦，信陵君不肯，经毛、薛两公规劝始归魏率兵击秦。诸侯知信陵君将兵，纷遣将救魏。由于诸多贤士为之出谋献策，信陵君率五国之兵大破秦军，一直追到函谷关。秦兵不敢出。

信陵君以诚交士，士也竭智尽力相助，因而名扬天下，天下士也向其进兵法，信陵君以其名称之。《刘歆七略》有《魏公子兵法》二十一篇，实皆集众贤士之作。信陵君由于得多贤之助，所以能存赵救魏，屡次败强秦。

在我国古代，刘备也是一个非常至诚的人，正是由于他这一特点从而吸引了一大批英才。诚实使他获得了信誉，信誉助他赢得了天

下。刘备能称帝于西蜀，成为三分鼎足者之一，重要原因之一是他能放下架子，以诚相待。

据《三国志·蜀书·先主传》记载：刘备少孤，与母贩履织席为业，"少语言，善下人，喜怒不形于色。好交结豪杰，年少争附之。""年少争附之"，不是因他少说话，或喜怒不形于色，而是因他"善下人"，这就是说他待人虚心、诚实、谨厚。由于年轻人信赖他，初起事就能招集一批人参与讨伐黄巾军，从此，开始了他的战斗生涯。

刘备任平原郡相时，郡民刘平素看不起他，"耻为之下"，便收买刺客去杀刘备。刺客去见刘备，准备趁机杀他。刘备对此人虽素不相识，一见待之甚厚，刺客被其诚意所感动，不忍下手杀他，便把来意告诉刘备，辞之而去。待人诚厚，刘备避免了杀身之祸。

刘备因能以诚待士，诸葛亮、关羽、张飞、赵云等也就对他忠心耿耿，由于彼此肝胆相照，在任何危难情况下都不变心，"关羽千里走单骑"归备，诸葛亮实践其"鞠躬尽瘁，死而后已"的誓言，至今仍令人感佩不已。正因蜀汉君臣上下一心，当时较弱的蜀汉才能鼎足三分于西蜀近半个世纪之久。

心灵悄悄话

同样以诚对待人，既避免了灾难，又获得了信誉，何乐而不为呢？只有真诚的人，才会受到大家的尊重，才会得到大家的拥护。

把握尺度，待人至诚

真诚并不等于不假思索地将自己的感觉说出来，因为你的感觉是否正确尚是一个需要判断的问题。真诚并不等于不加修饰地说出自己的想法。真诚的批评和指正，需要掌握好尺度和艺术。

在日常生活中，人们对事物的看法都属见仁见智，有时本无所谓对错。比如个人的衣食住行、穿衣戴帽、兴趣爱好等。许多自认为"有话直说""想到什么说什么""直筒子脾气"的人，其实是简单地用自己的观念和习惯去衡量别人的态度与行为，一遇到不对自己胃口的事立刻就去指责别人，实际上这并不是对他人善意的真诚，只是自我不悦情绪的随意宣泄。

……曾几何时，我也有过一段迷失的日子。

今夜林中月下的青山，无可比拟！似娟娟的静女，虽是明艳照人，却不飞扬妖冶；她低眉垂袖，璎珞矜严。我独坐在林外的青石上，双手抱住了头。我不言语。我已不再言语，只低头，从迷蒙眼光中看着我的成绩通知单，半年的虚浮与自欺，半年的飞扬与轻躁，浸湿了这一纸荒唐。倏地，我忆起一句话：谁对命运不诚，命运就将对他不信。跋涉在漫长的人生路上，在艰辛且步履蹒跚的奋斗之路上，谁不去踏踏实实印下诚信的足印，将永远走不出渺小与狭隘的怪圈。学问之道，来不得半点虚伪和欺骗。无意苦吟秋，只恐花褪红尽。人空叹，水长流，不知是我背弃了自己，还是诚信厌倦了我：在人生的这次跨栏前，我停滞了脚步。愧哉斯人。如断翅蝴蝶般，拍打着残

翼，徒劳地旋舞着飞坠泥间。我的脑海里，浮现出父辈辛劳的身影：一抹黄褐的平原。地平线上，一处又一处用木椽夹打成一尺多厚的土墙。冲天而起的白杨、苦楝、紫槐，枝干粗壮如桶，叶却小似铜钱，迎风正反翻覆，如一曲天籁，传进父辈的耳里。他们赤着膀子，挥鞭吆喝着山川一样团块组合似的黄牛，拉动着三角状的铧犁。这群辛辛苦苦从祖祖辈辈留下的黄土地里抠口粮的人呵，"诚与信"，就是他们的生命线。

中国有句古话叫"不看你说的什么，只看你怎么说的"。同样一个意思，不同的人有不同的说法，不同的说法有不同的效果。与人交流时，不要自认为内心真诚便可以不拘言语，我们还要学会委婉艺术地表达自己的想法。一句话到底应该怎么说，其实很简单，你只要设身处地从他人的角度想想。

人与人总是徘徊在对与错之间，每个人都难免犯错，指正别人的错误从某种意义上说，是对对方负责的方式之一。然而，你如果掌握不好批评别人的尺度与艺术，虽然你的内心非常真诚地希望他能改正错误，但是，批评和指正很难做到让双方心平气和而不愤怒。

指正别人的错误与缺点要极力用心劝慰，要善解人意，尽可能考虑对方的人格与特点，学会真诚地尊重他人，努力做得尽善尽美。

心灵悄悄话

真诚，不代表你把所有内心真实的想法，包括抱怨也一针见血地说出来，真诚也是需要有艺术有技巧的。掌握了这些技巧，真诚的人就会交到许多真诚的朋友。

真诚无欺，取信于人

曾经有一个叫托马斯的人，有一年，他向友人借了40万元，没有财产担保，也没有存单抵押，只有一句话："相信我，年底无论如何都还你。"

到了年底，他的资金周转非常困难，外债催不回来，欠款又催得紧。为了还朋友这40万元，他绞尽脑汁才筹足20万元，余下的20万元怎么也筹不到。

怎么办？老婆劝他向朋友求情，宽限两个月，托马斯摇摇头。公司里的"高参"给他出主意说：反正你朋友也不急用钱，不如先还朋友20万元现金，其余的开一张空头支票，等账户上有了钱再支付。

托马斯勃然大怒，呵斥这位"高参"是没有信用的人，并毫不犹豫地辞退了这位跟他多年的搭档。最后他决定用自家的房子去抵押贷款，但银行评估房屋价值24万，只能抵押18万元。托马斯横下一条心，与老婆郑重商量后，把房子以20万元低价卖出去，终于筹齐了40万元。一家人再到市郊租了间房屋住。

朋友如期收回了借款，星期天准备约一帮人到托马斯家去玩玩，但却被托马斯委婉地拒绝了，朋友不明白平日豪爽的托马斯为何变得如此"无情"，便一个人驱车前去探个究竟。当朋友费尽周折才在一间农舍里找到托马斯时，他的眼睛湿润了。他紧紧地拥抱着托马斯，一个劲地点头，临别时掷地有声地留下一句话："你是最讲信用的人，今后有困难尽管找我！"

第二年，托马斯的公司陆续收回了欠款，生意做得红红火火，他

又买了新房、添了小车。然而天有不测风云，正当他在商场上大展拳脚时，却被一家跨国公司盯上了。那家公司千方百计挤占他的市场，并勾结其他公司骗取他的贷款。托马斯的公司遭受了沉重的打击，公司垮了，车子卖了，房子押了，他破产了，不仅一无所有，而且负债累累。

托马斯想重整旗鼓，但是巧妇难为无米之炊。他想贷款，却没有担保人和抵押物。在他走投无路的时候，又想起那位曾经借钱给他的朋友，他带着试一试的心理，找到了朋友，朋友没有嫌弃失魂落魄的他，不顾家人的反对，毅然再借给他 40 万元。他有些颤抖地捧着支票，咬咬牙，坚定地说："最多两年我一定还你！"

曾经溺过水的托马斯再到商海里搏击，自然会小心谨慎，而又遇乱不惊。他又成功了，两年后不仅还清了债务，还赚了一大笔钱。每当有人问他怎样起死回生时，他便会郑重地告诉对方："是信用！"

确实，信用本身就是一笔财富。生活中的每个人千万不要有意无意地丢弃了它。要明白，真诚无欺，方能取信于人。为人处世，不能没有信用，做生意也同样需要有信用。一个没有信用的人，就好比墙上的芦苇，终究站不住脚跟。而一个有信用的人，不论你处在什么环境下，因为你有"重信守用"的好名声，别人自然会格外地相信你。这样，你在无形之中就为自己积累了一笔巨大的财富。

心灵悄悄话

博取他人的信任，不能光说不做，而要通过你的身体力行，一点一滴地去积累、去建立。而取信于人，关键是对待别人要诚心诚意，才能换取别人的真心。

只要真诚，总能打动人

人类有自知之明，把自己看成无所不能的人是世界上最愚昧的。

有只小猪，向神请求做他的门徒，神欣然答应。刚好有一头小牛由泥沼里爬出来，浑身都是泥垢，神对小猪说："去帮他洗洗身子吧！"小猪惊异地回答说："我是神的门徒，怎么能去侍候那脏兮兮的小牛呢？"神说："你不去侍候别人，别人怎会知道你是我的门徒呢！"

原来要得到别人的尊敬很简单，只要真心付出就可以了。人与人之间融洽的感情是心的交流。肝胆相照，赤诚相见，才会心心相印。你想要别人怎样待你，你就要怎样待别人。只要你付出了真情，朋友才会以真情待你，双方的关系才能得以持续、稳固、健康地发展。

真诚是为人的根本。那些取得巨大成功的人都有许多共同的特点，其中之一就是为人真诚。如果你是一个真诚的人，人们就会了解你、相信你，不论在什么情况下，人们都知道你不会掩饰、不会推托，都知道你说的是实话，都乐于同你接近，因此你也就容易获得好人缘。

与同事相处，以诚为贵。与人打交道时，你存在防备、猜疑的心理，不能敞开自己的胸怀，讲真话、实话，总是遮遮掩掩、吞吞吐吐、令人怀疑，是无法搞好人际关系的。当同事需要你时，你要尽心尽力予以援手；当他/她无意中冒犯了你时，你要抱着宽容大度的心

第四篇 我拿诚心换取真心

145

情，真心真意原谅他/她；他/她有求于你时，要毫不犹豫地帮助他/她。或者，你会问："为什么我要待他/她这么好？"答案很简单，因为他/她是你的同事，你每天有三分之一的时间跟他/她在一起，你能否从工作中获得快乐与满足，是否敬业乐业，同事们是很重要的参与者。

美国心理学家安德森曾经做过一个试验，他制定了一张表，列出555个描写人的品性的形容词，让大学生们指出他们所喜欢的品质。

试验结果明显地表现出，大学生们评价最高的性格品质不是别的，正是"真诚"。在八个评价最高的形容词中，竟有六个（"真诚的""诚实的""忠实的""真实的""信得过的"和"可靠的"）与真诚有关，而评价最低的品质是"说谎""装假"和"不老实"。安德森的这个研究结果具有现实意义。在交往中，人们总是喜欢诚恳可靠的人，而痛恨和提防口是心非，虚伪阴险的人。真诚无私的品质能使一个外表毫无魅力的人增添许多内在吸引力。人格魅力的基本点就是真诚。待人心眼实一点，守信一点，能更多地获得他人的信赖、理解，能得到更多的支持、帮助和合作，从而获得更多的成功机遇，最后脱颖而出，点燃闪亮人生。

人与人的感情交流具有互动性。请记住：只有真诚对待对方，才能赢得对方的信赖。

心灵悄悄话

以诚待人，能够在人与人之间架起一座信任的心灵之桥，通往对方心灵彼岸，从而消除猜疑、戒备心理，成为知心朋友。我们在工作中应充满真诚，离开了真诚，则无友谊可言。一个真诚的心声，才能唤起一大群真诚人的共鸣。英国专门研究人际关系的卡斯利博士这样指出：大多数人选择朋友是以对方是否出于真诚而决定的。

真诚待人，才是真理

　　某布帛商店的经理对人说，他的商店中店员们正在忙着将整匹的布帛剪成碎段。他说，只要通过广告大加宣传，提示人们购买碎段的布头比按码计算的布帛便宜得多，就一定可以使得人们乐于购买，因之可望坐收大利。但是试问，一旦顾客发现了此种哄骗以后，还有谁愿意再去光顾那位经理的商店呢？

　　许多人都相信欺骗、说谎话是一种有利可图的勾当。他们以为欺骗的手段是很值得使用的。所以，许多大规模的商家，也往往要掩饰自己商品的缺点、坏处，而登载各种欺人的广告。有些人甚至以为在商场中，欺骗的手段简直与资本一样必需。他们相信，在言行诚实的同时想要在经营上得到大成功，实在是很难的。

　　现代新闻界中的一种很不幸的现象，就是个别刊物常有离开事实、渲染事实、牵强事实、颠倒事实的倾向。其实，一家刊物的名誉如同一个人的名誉。如果一家刊物常常有意地刊登不忠实而骗人的信息，那么它必会蒙上"造谣说谎者"的恶名。只有那些忠于事实的刊物，才是新闻界中的柱石。它在社会中所占的地位，要比那些虽则销路广大却是不忠实的刊物高得多。

　　不为利动，没有私心，在任何情形下都言行诚实——这种美誉，其价值比从欺骗中得来的利益大过千倍。没有健全的德性，不能绝对的诚实，这种人是很危险的。他们在平时也许是愿意站在正直的一方面的，但是，一到自己的利害关头时，他们就要离开正直，就要不说

正直话、不做正直事了。

他们不明白，在他们多得到一分金钱的同时却损失了一分品格。他们的钱袋中固然是有所增益了，但他们的人格却是有所减低了！翻阅美国的商业历史，我们可以看出，50年以前的大商店，在今日依然存在的几乎是寥若晨星。那些大商店，在当时好像雨后春笋、气象蓬勃，登各种欺人的广告，做各种欺人的勾当，真是盛极一时。然而其寿命的不能持久，正是因为它们缺少信誉为后盾。它们终究是不可靠的，一时虽能欺骗得逞，但迟早是要被发现的。那时它们就要被冷落、衰微而终至失败了。

天下没有一种广告能比诚实不欺、言行可靠的美誉更能取得他人的相信。一个言行诚实而有正义公理为后盾的人，与一个欺骗说谎话而自知其说谎话的人，他们所能发出的力量的大小，真不知要相差多少！一个言行诚实的人，因为自觉有正义公理为后盾，所以能够无愧、无畏缩地面对世界。而一个言行不诚实的人，却会在内心听到这种声音："我是一个说谎者，我是一个卑污者，一个戴假面具者。"

说谎话的人是人中的败类，是堕落的人！有些年轻人，为了取得一些小利小名，会把自己的人格和名誉，像在跑马场中一样地肆意挥霍，这岂不是一种最可悲的现象吗？

心灵悄悄话

一个人，若能真诚待人，那么生活中，他必定会拥有很多的朋友；若能真诚待人，那么工作中，他必定会有好多的合作伙伴。真诚待人吧，这才是真理。

第五篇 >>>
人无诚信步步难行

　　诚信是一种人格的体现，是人类社会平稳存在的基础，也是人与人和平相处的基础。唯有诚信的人才能长久，这是社会生活中的铁律。伪诈的人在本质上就是不老实的，善于弄虚作假，巧于掩饰，使人无法窥见其真面目，骗得别人一时的信任，到头来最终受损的还是他自己。

　　如果对这些东西孜孜以求，就会泯灭良心。不诚实，就会变为不被人相信的人。而诚实则不但能使我们求得良心的安稳，也能帮助我们获得别人的信任，取得事业的成功。

失信于人惹祸患

　　失信于人，要是大事固然会引起大事，有时就算是小事也可能会引起大问题。可是，有些人对失信不当一回事，因而说过的话不算数，约定了人不践约，甚至对大事也开玩笑，也就是说随便胡说，随意而行，这种人当然得不到人们的信任。如果是一家之长，或一国元首，问题就大了，因其无可遵循的标准，使下级晕头转向，无所适从，疑惑不解；由于疑惑而不信任，不信任就会怨恨，怨恨就会出乱子。下面介绍的周幽王、楚怀王、卫献公失信招致祸患的事，就是这样的典型例子：

　　戏举烽火，幽王失信亡国。周幽王，西周国王，姓姬，名宫涅，公元前781—前771年在位，他是西周最后一个国王。西周灭亡，固然是因他荒淫无道，剥削严重，但其直接原因却是由于失信于诸侯。

　　据《史记·周本纪》记载：褒国送一美女褒姒给周幽王，幽王宠爱异常。褒姒生子伯服，幽王便废申后和太子宜臼，立褒姒为后，以伯服为太子。褒姒虽得幽王宠爱，贵为皇后，却从来未见她笑过。幽王虽觉得褒姒很美，如果笑了不是更媚人吗，便千方百计引她笑，但是徒劳。于是他异想天开想出了一个办法，即举烽火：烽火是为了保障国家安全在边界设的，这是报警的烟火，如敌人在夜里入侵点柴火，敌人在白天来侵就燃干狼粪放烟，而且是一处接一处，一直点烧传到远方。诸侯看见烟火，就会立即赶来救援。于是周幽王便带褒姒到骊山去玩，并下令点起烽火，各路诸侯立即率兵急如星火赶到，褒

姒看见千军万马从四面八方前来，乐得开口笑了。褒姒笑了，诸侯却白白跑了一趟，快快而返。幽王为了欣赏褒姒笑的媚态，屡次点起烽火，诸侯上了一次当失望，第二次就怨恨，第三次就不来了。这时敌人真的入侵了，这是申后的父亲申侯恨幽王废皇后和太子，便发动缯国和犬戎起兵攻幽王，幽王势孤，无兵救援，被杀于骊山下。敌人俘虏褒姒，将周王室钱财宝物掳掠一空。西周灭亡。

周幽王为了博得美人一笑，竟不惜以国家安全开玩笑，因而失信于诸侯，落得个国破家亡的下场，这是活该。

贪利背齐，楚王势孤失败。这里说的楚王，是指楚怀王，他是战国时楚国君。熊氏，名槐，公元前 328——前 299 年在位。战国时，六国以合纵攻秦，秦以连横瓦解六国；当时秦虽强，六国如能坚持合纵，足以抗击秦国。但六国各怀鬼胎，心不一致，本来合纵的核心是楚齐两国，而楚怀王贪利上秦当，与齐析盟，由于怀王背信弃义，势孤而被秦打败。

据《史记·楚世家》记载：秦欲伐齐，因齐与楚结盟，齐楚合力则难取胜，秦王便派张仪前往说楚，以瓦解齐楚合纵。张仪对楚怀王说："王为仪闭关而绝齐，今使使者从仪而取故秦所分楚商于之地方六百里，如是则齐弱矣。是北弱齐，西德于秦，私商于以为富，此一计而三利俱至矣。"怀王久想得商于之地，今不劳而送上门，十分高兴，立即答应与齐断绝关系，并派使去取商于之地。张仪回到秦后，诈醉坠车，称病不出，楚使得不到地。楚怀王以为是因与齐断交不彻底之故，便派勇士宋遗到齐国去辱骂齐王，齐王大怒，转而与秦结盟。但楚怀王因终不得秦地而大怒，不自量力，起兵攻秦，在丹阳被秦大败，并失汉中地。后倾全国之师再战，又败，只好向秦屈膝，与秦订立和约。

不慎失信，卫献公受驱逐。卫献公，名衎，卫国国君。由于卫献公失信于臣，引起君臣矛盾而被驱逐，其事见《史记·卫康叔世家》，

《吕氏春秋·慎小》中也有记载：

卫献公约大夫孙文子、宁惠子赴宴，二人都穿起朝服前往，到时却不见献公。原来正巧大雁聚集在苑囿里，献公得报便去射雁。孙、宁二人等到日已西斜，献公还没有回来。最后回来了，连射服也没有脱下就会见他俩。孙、宁二人认为这是怠慢他俩，愤而回到封邑宿。孙文子的儿子孙蒯陪献公饮酒，乐人师曹有意唱《诗经·小雅》的最后一章《巧言》："彼何人斯？居河之麋。无拳无勇，职为乱阶。"实是暗示：献公无备，可以作乱，使孙文子驱逐献公。原来师曹鼓励作乱也是为报已仇。事情是这样：献公令师曹教官妾学弹琴，宫妾学不好，师曹鞭打她。宫妾得宠于献公，便说师曹坏话，献公怒而鞭打师曹三百，师曹因此深恨之。孙蒯将师曹意告其父，孙文子就率众叛乱，驱逐献公，献公逃到齐国。孙文子、宁惠子共立定公弟秋，是为殇公。

献公约人宴会而去射雁，这是不好的，是一种失信行为。在献公看来，这不过是小事，如果不是别有用心的人，对此是会谅解的，但以个人私利为重的孙子文却认为对己怠慢就是看不起他，君主看不起就会失去权力，因而想另立新君以保其位，加上师曹恨献公鞭打而从中鼓动，于是小问题引出大问题，献公失信于小人而惹来祸患。

《吕氏春秋·慎小》作者对此评论说："此小物不审也，人之情不蹶于山，而蹶于垤。"意思是说这是对小事不慎引起的，人们往往在高山上不跌倒，却跌倒在小土堆上。

心灵悄悄话

所有故事，都说明一个道理，失信就是失去所有，一个人没有诚心，就等于戴上了虚伪的面具，又怎能活得自在？

别为说谎找借口

说谎是令很多父母头痛的事，然而有些青少年却将撒谎的毛病归罪于父母！说是父母的态度往往决定他的"诚实"度，当做错事时，父母的指责甚至打骂，会让他学会说谎以逃避惩罚，所以他说要想使他改掉说谎的毛病，父母先要改变态度和方法。

当华盛顿还是一个小男孩时，住在弗吉尼亚州的一个农场里。他的父亲教他骑马，且常常带着小华盛顿去农场，好让他长大时，知道如何照顾田地和马。

父亲有一个美丽的果园，园里有苹果树、桃树、梨树和樱桃树。有一天，有人从海外送给他一株特别珍贵的樱桃树。他将它种在果园的边缘，并吩咐农场上的每一个人要细心看护它，免得它被弄断，或受到任何伤害。

那株樱桃树长得很好，一年春天，整棵树都开满了白色的花。他的父亲愉快地想着：很快就可以采到樱桃了。就在那时候，有人送给小华盛顿一把闪闪发亮的新斧头。小华盛顿拿着它，跑去砍树枝、劈篱笆的横木，以及任何他经过的东西。最后，他来到果园的边缘，向那棵樱桃树砍下去，心里只想着那把小斧头是多么锐利。樱桃树的树皮很柔软，被小华盛顿一砍就断了，而小华盛顿还是继续去玩他的游戏。

那天傍晚，父亲将农场检查了一番之后回到家。他先让马进入马厩里，然后走到果园去看他的樱桃树。当他看到被砍倒的樱桃树时，

一脸惊愕地愣在那儿。谁如此大胆，敢砍断他心爱的樱桃树？他询问家里每一个人，但是没有人给他答案。

就在那时，小华盛顿来了。

"华盛顿，"他父亲生气地叫住他："你知道是谁砍倒了我的樱桃树吗？"那是一个不容易回答的问题，小华盛顿犹豫了一会儿，但很快就回答道："父亲，我不能说谎，是我用我的小斧头把它砍倒的。"父亲注视着小华盛顿。男孩的脸变苍白了，但他仍直视着父亲的眼睛。

"到屋子里来，儿子。"父亲神情严厉地说。

小华盛顿进入家里的藏书室，在那儿等他父亲。他心里很难过，也觉得非常羞耻。他知道他太傻了，太粗心大意了，父亲会发怒是理所当然的。

不久，他的父亲便进来了，说："过这儿来，我的孩子。"小华盛顿走到父亲跟前。父亲紧紧盯着他看了许久。

"告诉我，儿子，为什么你要砍倒那棵树？"

"我在玩耍，我没有想到……"小华盛顿结结巴巴地说。

"现在这棵树会死去，而我们将吃不到它所结的樱桃。但是比这件事更糟的是，我叫你照顾这棵树，而你却没有做到。"小华盛顿低下头，脸因羞愧而发红。

"我很抱歉，父亲。"他说。

他的父亲将手放在男孩的肩膀上，"看着我，"他说："失去了樱桃树让我很难过，但是我很高兴你有勇气向我说实话。对我而言，你的诚实和勇敢，胜过一个种满上等樱桃树的果园。永远不要忘记这一点，我的儿子。"

华盛顿永远没忘记这一点。终其一生，他一直和他砍倒樱桃树那天一样的勇敢、诚实和正直。

我们在玩耍时，无意中弄坏了东西，或闯了祸怕挨大人的骂，总

会把错误掩饰起来。我们无意中折断了花盆里的花，为怕大人发现，我们通常会把折断的花扔掉；打翻了墨水我们会把墨水瓶藏起来，再把洒了墨水的地方用报纸或别的东西盖起来。当父母发现了问我们时："是不是你把花盆里的花折断了？"或者："墨水瓶是不是你打翻的？"我们联想到挨骂，就会说谎："我没有！"或者："不是我打翻的！"或者："我不知道。"当然，这些谎言是很容易被识破的。"不是你折断的，家里还能有谁呢？墨水瓶不是你打翻的，家里还能有谁打翻，还把报纸盖上呢？"不敢公开承认说谎常会使大人苦恼。

因为任何一个做父母的都知道说谎是最不好的习惯，甚至是道德所不容的。为小事说谎，虽不值得追究，但可怕的是一旦放过，就可能养成说谎的恶习。所以父母总是从小就教导我们不要说谎，而遇到我们说谎就非常气愤，总想好好地教训我们一下，于是就狠狠地责备、骂几句，想使我们惧怕，以后不敢再说谎。

有这样一个顽皮的孩子，上课不听讲，下课不做功课，结果语文和数学考试多次不及格。父母又要看成绩表，那孩子怕挨骂就把成绩单的分数涂改成及格。有时实在无法涂改，他就说成绩单丢了。父母一看就知道成绩单的分数是涂改过的，便追问到底是多少分？为什么要涂改？或者怎么丢的？父母发现一次责骂一次，但到时候儿子仍然涂改或谎称成绩单丢失了。父母气得咬牙切齿，拿儿子毫无办法。而且由对儿子成绩的不满，渐渐转变为对儿子说谎的愤恨。

真理、正直、公平和高贵是永远分不开的，一个美国著名的政治家给他的儿子写信说："谎言来自卑鄙、虚荣、懦弱和道德的败坏。谎言最终会被揭穿，说谎者令人鄙视。没有正直、公平和高尚，就没有人能够取得真正的成功，能赢得他人的尊敬。说谎的人迟早都会被发现，甚至比他自己想象得还要快。你真正的品格一定会为人所知晓，一定会受到公正的评价。"

一个人在火车上坐下后，把自己的包裹和行李放在了旁边的座位上。后来，车上人越来越多，车厢越来越拥挤。这时，有一位先生问他旁边的座位是否有人。他说："有人。那人刚刚去了吸烟车厢，他一会儿就回来。你看这些东西就是他的。"但这位先生怀疑他所说的话。就说："好吧，我坐在这儿等他回来。"于是，这位先生把行李和包裹拿下来，放在了地板上和行李架上。这个人怒目而视，却什么话也说不出来。因为那位在吸烟车厢的人是他编造出来的。

　　不久，这个人到站了，他开始收拾自己的东西。但那位先生说："对不起，你说过这些行李是一个在吸烟车厢的人的。我有义务保护这些行李不被你拿走，因为你说这些行李不是你的。"这个人发怒了。他开始骂人，却不敢去碰那些行李。乘务员被叫来了，他听了这两个人的话后说："那好吧，我来掌管这些行李，我会把它放到最后一站。如果没有人认领，那就是你的。"乘务员对着那个为了占座位而否认自己行李的人说。

　　在乘客们的哄笑声和鼓掌声中，这个人没带行李就灰溜溜地下了车。他刚下车，火车就开动了。第二天，他才拿到自己的行李。为了霸占一个不属于他的座位，他撒谎了，为此受到了惩罚。

心灵悄悄话

　　我们对说谎的正确态度是既要抓住不放，又要谨慎对待，还要了解情况，在此基础上，认真听从父母说服教育，和父母一起分析说谎的害处，要懂得没有诚信，在这个社会上将无法立足。

该坦白的绝不隐瞒

蓄意说谎作假，以为可借此掩人耳目，是绝不可能的！因为，即使瞒得了一时，但在事实面前，所有的谎言终将原形毕露！

小时候，小明一直都被父母严禁吃一种以色素染成的"柠果青"。然而，不愿孤独的玩伴们，总喜欢与小明分享零食……

"喏，这请你。"某天放学，与小明同行的邻居兼同学，拿出了一小包柠果青。"我妈说不能吃这个。谢谢！"小明如常地婉拒她的好意。

"没关系啦！你妈又看不到！"

一阵僵持之后……

"你今天不吃的话，以后我就不跟你玩了！"听到这话的小明，当下如遭雷击！几番拉扯，终于因而无法再拒绝的小明，拿了小小一块吃掉。

只不过才踏进家门，"你为什么偷吃柠果青？我平常是怎么跟你说的，你都忘了吗？"迎面而来的，赫然便是妈妈的厉声质问。

"我……我没有！"在妈妈的指责下，感到极度恐惧的小明一面眼泪汪汪，一面扯了个漫天大谎！"还说'没有'？！你自己照镜子看看，你嘴唇上绿绿的是什么？"妈妈怒不可遏地直视着小明。有口难辩的小明，只有低下头、乖乖认错……所谓"纸包不住火"，约莫如此……既然纸包不住火。那么又为何要如此白费心力呢？

想将诚信之道落实于自己日常生活中，最为简易可行的方法，其实就是"不撒谎"。无论是对自己，抑或是对别人！

有位齐国人，每天总是满脸油光、醉醺醺地回到家。有好几次，他的妻子都十分好奇地问他："每晚和你一起吃吃喝喝的，都是些什么人呢？""都是有钱有势的大人物！"每每面对妻子的疑问，这人总是万分得意地答道。

"这就怪了！"某天，他的妻子大感不解地，悄声对这人的妾说："我们的丈夫常提及自己和有钱有势的人物一起吃喝，但是，我却不曾见过有任何显贵人物来到我们家里！"

于是隔天清早，当丈夫一步出家门，他的妻子便蹑手蹑脚地，跟在他的后面！只是走遍全城，都未曾遇上与自己丈夫说话的人！就在妻子心中疑云满布之际，不知不觉她发现自己已尾随丈夫出了城，来到东郊的墓地……

这时，只见这位齐国人走向来此扫墓的人们，忝着嘴脸，向那些人乞讨他们用以祭坟的残羹剩饭！而且，将碗盘全都舔得精光之后他又到处去继续行乞！

"原来，这就是他酒醉饭饱的方式……"亲眼看见此情此景，妻子不禁心如刀割！

这位齐国人的妻子面容惨淡地回到家中，将所见转述给妾并叹道："没想到，我们的丈夫，竟是这样的人！"而对此毫不知情的丈夫，当晚仍大摇大摆地回到家。

每想起这则出于《孟子》的故事，我常同时想起另一则《伊索寓言》里的故事：有个牧童，正竭尽所能地，试图唤回一只山羊。但他吹了许久的号角，这只山羊，却仍全然不理会他！牧童只好拾起一块石头，向山羊扔去！

不料这飞出的石头，却打断了山羊的角！当山羊缓缓走回牧童面前时，牧童忍不住恳求山羊："请你千万别将'我打断了你的角'这

件事告诉你的主人好吗？"

"傻瓜！"山羊回答牧童："我虽然可以答应你，可是我被打断的角，自会将此事告知我的主人！"

心灵悄悄话

蓄意说谎作假，以为可借此掩人耳目，是绝对不可能的！因为即使瞒得了一时，但是，在事实面前，所有的谎言终将原形毕露！做人还是诚实点好，离虚伪远点。

据实上报不浮夸

　　治国理民，必须根据实际情况来决策，如虚报情况，夸大或缩小，都会做出错误的决策，于国于民都不利，故不制止浮夸不实之风，就难以行善政。故古代正直之臣，最恶此风，他们对己对人，都据实上报，使上面能做出正确的决策，因而收到利国利民之效。

　　魏征能得到唐太宗的信任，从其个人来说主要是因为他为人诚直，对己对人都一样，对自己从不隐瞒，实做实说；对唐太宗敢于进谏，直话直说，这不仅促进贞观之治，他自己也成为一代名臣。《旧唐书》有他的本传：

　　魏征，字玄成，钜鹿曲城（今河北晋州市）人。少时孤贫，出身为道士。隋末参加起义军，后归唐事太子李建成，任太子洗马，甚为见重。魏征见建成弟李世民勋业日隆，每劝太子"早为之所"。及建成败，世民召见魏征说："汝离间我兄弟，何也？"对此，魏征并不隐瞒，说："皇太子若从征言，必无今日之祸。"世民见其诚直，更器重他。世民即皇位，是为唐太宗，任魏征为谏议大夫，派他安抚河北，许以便宜行事。

　　魏征到磁州，途中适遇前太子宫千牛李志安、齐王府护军李思行被囚送往京师，征对副使李桐客说："吾等受命之日，前宫、齐府左右，皆令赦原不问。今复送思行，此外谁不自疑？徒遣使往，彼必不信。此乃差之毫厘，失之千里。且公家之利，知无不为，宁可虚身，不可废国家大计。今若释遣思行，不问其罪，则信义所感，无远不

161

臻。古者大夫出疆，苟利社稷，专之可也。况今之行，许以便宜从事，主上既以国事见得，安可不以国士报之乎？"于是，就释放思行等，回朝后，魏征如实报告唐太宗，太宗认为其能正确贯彻执行赦免前太子宫、齐王府左右的政策，十分高兴。

魏征原为前太子李建成所重用的人，且曾出谋要除掉李世民，如果是私心杂念重的人，归李世民后必诚惶诚恐，做事小心翼翼，以免触犯得罪，但魏征却不是这样。他毫不掩盖自己做的事，实做实说，故当李世民问他为何离间其兄弟时，他丝毫不隐瞒自己的观点，直言不讳地说："皇太子若从征言，也必无今日之祸。"他奉命到河北时，遇见囚送前太子宫李志安、齐王府李思行，魏征不因曾经是前太子宫的人而怕人说他偏袒之，而是认为这违背赦免的宽大政策，因而"宁可虚身，不可废国家大计"，毅然地将之释放了。回朝后如实上报，得到太宗赞扬。

由于贯彻执行赦免政策，释放了李思行等，从而安抚了前太子宫、齐王府左右的一大批人，使他们安心归附，这就进一步巩固了唐太宗的统治。

心灵悄悄话

据实上报，实话实说，利国又利民。做个诚实的人，别说谎话！虽然我们无法靠希望移动一座山，也无法靠希望实现你的目标。但只要你有信心，你就能移动一座山。只要你相信你能成功，你就会赢得成功。人的自信心就是如此重要，它会使一个普普通通的人成为一个事业上的成功发展者。

作伪者自食恶果

齐威王即位之初，不理政务，委给左右侍臣，国家不治，官吏或贪污腐化，或饮食终日无所事事，因而政治腐败，贪污成风。威王左右侍臣，得到贿赂，坏的被说成好的，恶的被说成善的；如不向他们行贿，好的被说成坏的，善的被说成恶的。于是，好官被诬陷，坏官得好誉。阿大夫就是因贿赂威王左右侍臣而得到赞誉的，虽然他治阿存在严重问题，因其报假材料，齐威王因信左右侍臣之言被蒙蔽了。

由于政治腐败，国力日弱，常受邻国侵略，丧师割地，齐威王开始有所感觉，加上淳于髡巧妙的进谏，终于觉悟振作起来。于是亲理政事，整顿吏治，深入调查，好的表扬，坏的惩治，以至杀头。这样，阿大夫再也不能作伪了，他的真面目终于大暴露。于是被召进京师，齐威王宣布其罪状说："自子之守阿，誉言日闻。然使使视阿，田野不辟，民贫苦，昔日赵攻甄，子弗能救。卫取薛陵，子弗知。是子以币厚吾左右以求誉也。"是日，当即杀了阿大夫，以及左右侍臣受贿而尝为之赞誉的也杀了。

由于齐威王扬善惩恶，官吏不敢作伪，老实工作，因而齐国大治，国力加强，各诸侯国也不敢来侵略齐国了。

还有一则故事，是讲虚报、伪报民情导致民众哀怨处处的。

自东汉末年大乱，到三国鼎立，征战不已，兵荒与灾荒交错，人民死亡惨重，不少地方"千里无人烟"。魏文帝即曹丕代汉后，战争

仍未平息，为发展生产、增加兵员，魏国便采取增加人口的措施，其中之一是令寡妇改嫁。有不少地方官员为邀功请赏，多报婚配数目，甚至有以"生人妇"充数的，因而民怨十艮，痛哭于路途。河东郡太守赵俨就向魏文帝多报寡妇婚配数目，文帝觅前任太守杜畿所报的数，便问杜畿："前君所报何少，今何多也？"畿答道："臣前所录皆亡者妻，今俨送生人妇也。"文帝及其左右始知赵俨弄虚作假，相顾失色。

杜畿是三国时良吏，他在河东十六年，政崇宽惠，与民无为，很得民心，他按照政策，是寡妇便使之婚配，故民无怨；而赵俨接任后为邀功竟向上多报，以"生人妇"充寡妇。可见，同是一个河东郡，所任长官不同，所报就虚实有异，人民的处境也就不一样。

心 灵悄悄话

做人虚伪，等于自掘坟墓，做人虚伪，只能自食其果。也许会得到暂时的好处，但是时间一长，任何的谎言都会被拆穿。

奸诈的人不可靠

奸诈的人有如凶猛的老虎，近之将被其所害。猛虎吃人是明摆着的，故人知之不敢近而避开；但奸诈的人与猛虎害人的手段有大异，他害了你你也不知被其所害，甚至性命被害还不知谁是刽子手。因为奸诈的人很难窥测其内心世界，他对人是这样表里不一，或笑颜常开，或关怀备至，或卑躬屈膝，因而使人感到他可亲、可爱、可信。正是在这些假象之下，隐藏着他的利剑，你在毫无警备的情况下就会栽在他的手里。因此，对奸诈的人切不可近，不得已而近之，也要千万小心，经常警惕，以免入他的圈套。

为保护自己，魏武帝骗杀无辜。魏武帝即曹操，其子曹丕代汉成立魏国称帝后，尊称他为魏武帝。曹操是个奸雄，已为其同时代以知人见称的许子将所评定。其雄的一面，有值得称道的，对社会有一定贡献；但其奸的一面，确实令人可怕和厌恶，唐太宗就说过："朕常以魏武帝多诡诈，深鄙其为人。"（《贞观政要·论诚信》）《世说新语·假谲》就记载了曹操为保护自己而骗杀无辜的两则事：

一、曹操常说："人欲危己，己辄心动。"于是告诉他身边的侍人说："汝怀刃密来我侧，我必说'心动'，执汝使行刑，汝但勿言其实，无他，当厚相报。"这人照办被捉后，以为无事，不感到害怕，结果被杀了，到死也不明白怎么回事。左右的人真的以为曹操说有人持刀行刺他就"心动"的鬼话，而密谋行刺的人也就不敢靠近曹操了。

二、曹操常对近侍说："我眠中不可接近，近便砍人，亦不自觉，左右宜慎此。"后他假装睡着，不盖被，身边的近侍怕他受寒，好心地为他盖上被，曹操就将他杀了。从此，每当曹操睡觉，身边侍从再不敢走近。

这两则事，说明曹操这人的确是奸绝、恶绝。他如此说这么干无非怕被人行刺，以保护自己的安全，但被他杀的近侍死了也不知为何而死，那位奉命持刀靠近他的近侍就是这样；至于曹操说他"梦中杀人"，就被其麾下的杨修所揭露，曹操命厚葬他梦中所杀的近侍，临葬时杨修指而叹说："丞相非在梦中，君乃在梦中耳！"

心灵悄悄话

众所周知，而曹操就是那样一个奸诈之人，是不可被信任的。即使对他好的仆人，也因他的私心而牺牲了。可见，对于奸诈之人远离他就是正确的选择。

远离虚伪，立足社会

我国古代圣人孔子在《论语》中记载了一句话："无信不立"。子贡问孔子："治理国家需要哪些条件？"孔子回答说："老百姓有足够的粮食（足食），有强大的军队保卫国家（足兵），老百姓对国家有信任感（民信）。"子贡又问："如果迫不得已必须缺少一个条件，三者中少哪一个好？"孔子答："去兵。"子贡又问："在剩下两个条件中，如果必须再去掉一个，去哪一个好？"孔子答："去食，自古以来死亡是正常的，然而民无信不立。"

所以在孔子看来，治国理政，"民信"比"足食""足兵"更重要，因为一旦老百姓不信任国家，国家就不可能稳定。而这对于个人来说也是一个道理，你可以相对弱小一些，也可以不十分富裕，但你万万不可缺少了信誉。如果一个人得不到别人的信任，被孤立于各种人群之外，他就不可能有所作为。因为得不到别人的信任，就得不到别人的支持和拥护，单凭个人的才能是无法闯荡天下的，是成就不了大事的。

在历史上，项羽就是一个很典型的例子。论抱负，在秦始皇出游时，路上所有行人全部驻足观看而不敢仰视，而项羽却敢说出"我可以取代他（当皇帝）"；论能力，"力拔山兮气盖世"的他在垓下突围时，仅率28骑在层层包围中，杀汉将、夺汉旗，仅以死两个士兵的代价冲出了包围圈；论谋略，项羽在战秦兵时，战无不胜，攻无不

克，秦军闻风丧胆。那么，究竟是什么使得一个英雄落得个"自刎"的下场，演出了一场惊心动魄的"霸王别姬"呢？是信誉。

项羽每攻克一座城，并没有像刘邦一样"约法三章"，而失去了百姓的信任；在鸿门宴上，项羽本打算杀刘邦，但被项伯劝了几句便打消了杀刘邦的念头，谋士范增几次举杯示意项羽动手，但项羽重感情，爱面子视而不见，在刘邦托词离去后项羽还没派人去追，反而接受了刘邦托谋士张良所赠送的玉佩，气得范增当场摔碎玉佩，骂道："竖子，不足以谋。"又失去了谋士范增的信任；项羽在对待手下将领方面，也和刘邦不一样，项羽动不动就打骂手下将士，手下将士敢怒不敢言，都失去了对项羽的信任。

这样，在项羽军队强大时，百姓怨不敢出，但心已倒向刘邦一边，手下将领也能按命令去行事，但肯定没有刘邦的军士那么卖命。而一旦项羽的军队减弱时，百姓便开始公然支持刘邦，手下将领也无心再战了，范增就更不用说了，自骂了项羽"竖子"以后，心已飞向刘邦了。所以，项羽的悲剧是很自然的结局。

心灵悄悄话

通过历史故事可以知道，讲信誉是多么重要的事情。而现在，只有远离了虚伪，才能在社会上立足。

不说假话，为人厚道

宋濂，字景濂，浦江（今属浙江）人，是当时有名的文学家。明初奉命主编《元史》，官至学士承旨知制诰。

他为人诚实、谨慎。他尝与客人饮酒，明太祖密使人察看他的动静。次日，他问宋濂昨天饮酒没有，客人是谁，有什么菜，濂如实告知，明太祖说："诚然，卿不欺朕。"明太祖问及群臣的好坏，濂荐举好的，说："善者与臣友，臣知之；不善者，不能知也。"

主事茹太素上万言书。明太祖怒，问廷臣，有人顺意说："此不敬，此诽谤非法。"问宋濂，答道："彼尽忠于陛下耳。陛下开言路，怎可深罪？"明太祖才再仔细看万言书，发现其中有可采纳的好建议，便召群臣斥责，说："向非景濂，几误罪言者。"并当众赞誉宋濂说："朕闻太上为圣，其次为贤，其次为君子。宋濂事朕十九年，未尝有一言之伪，诮一人之短，始终无二，非止君子，抑谓贤矣。"

明太祖得天下后，为巩固其朱家王朝的统治，对群臣监督甚严，唯恐对其统治有不利的言行，常密派人暗中监视群臣动静，连宋濂与人饮酒也探知得一清二楚，幸而宋濂为人诚实，照实报告，才不致引起明太祖的疑忌。也因宋濂诚实、厚道，事明太祖十九年，没有说过一次假话，说过别人一次坏话，故深得明太祖信任，誉为"贤"。

一个人有着大宗的财产，却到处为千夫所指，为万人所笑；出卖人格，出卖尊荣，出卖名誉，出卖一切有人格的人认为有价值的东西——这样的人，财产对他有什么用处呢？糟蹋自己的人格、名誉是值

169

得的吗？如果百合花的洁白花瓣沾了污汁，玫瑰花失去了芬芳与美丽，那么还如何贵为百合、玫瑰呢？一个人腐化了他内在的最高贵的东西，失去了为人的资格，又怎么能称得上是一个真正的人呢？

心灵悄悄话

　　宋濂为人厚道，不说假话，即使在别人背后也从来不说，可见这个人多么的真诚与厚道。在这个世界上，只有厚道之人，才能走得步步踏实。

变法为名，祸国殃民

古代一些奸诈的官僚，他们口头上说为国为民，实际上是谋私剥民，他们这种挂羊头卖狗肉的弄虚作假的手法，害国害民不浅，蔡京就是其中的一个典型人物。其事见《宋史·奸臣·蔡京传》：

蔡京是个变色龙，变法派王安石得势时，他投机参加变法；保守派司马光得势时，他投入保守派怀抱。宋徽宗即位，他知徽宗倾向变法，便削尖脑袋贿赂其左右，因而得被接见，赐座延和殿。徽宗说："神宗创法立制，先帝继之，两边变更，国是未定。朕欲上述父兄之志，卿何以教之？"蔡京叩头谢恩，表示尽忠效死。因他投机得其时，得任左仆射。

从此，蔡京打起为国为民实行变法的大旗，实是干害国害民的勾当。他结党营私，排除异己，所任皆其党人和亲戚，前媚事司马光，今一翻脸，开列以司马光为首的三百多人的姓名，称为奸党。随即实行其所谓的"变法"，即实行剥民敛财之法。一是以"方田均税"和"免役法"，减少地主的税和役，增加农民的税和役，因为蔡京本人就是大地主。他霸占的田地就有五十多万亩。实行"盐钞法"，但经常变换，旧钞未用完，新钞又发行，使许多盐商倾家荡产，不少富商手中仍有数十万缗，一旦化为乌有，沦为乞丐，有的就投河或上吊自杀。坑害了盐商，塞满了政府钱库。

由于蔡京"变法"，变出的钱多了，他就提出"丰享豫大"的妙论，这是《易经》中的一句话，即国家富足就理应享受，正是在他的

引诱下，宋徽宗日益奢侈，原来徽宗在大宴时连祖宗留下的玉盏、玉卮都不敢用，因蔡京的鼓励，就日益摆阔气，大建皇家园林——琼林苑和万寿山艮岳，设立"造作局"制作工艺品，设立"应奉局"搜集珍奇物品，组十船为一纲运送，称"花石纲"。蔡京及其党羽也以代皇帝效劳的名义，大肆贪污自肥。

由于蔡京剥民敛财，君臣纵欲享乐，朝纲紊乱，国势日衰，金人南下，宋徽宗让位于其子钦宗后南逃。后徽宗、钦宗被金兵俘虏，北宋灭亡。蔡京实是促成者。

心灵悄悄话

一个真诚的人，不会做有害于百姓的事情；一个真诚的人，不会为了获取利益而戴着虚伪的面具！

自我监督，杜绝撒谎

俗话说："骗人的人，最终欺骗的是自己；害人的人，最终害的是自己。"这句话指出了人们对撒谎者的态度，以及撒谎了以后所造成的恶果。所以，为了自己的安危，还是不要撒谎的好。

撒谎是使人厌恶的行为，人们往往把喜欢撒谎的人当成是心怀叵测或者道德败坏的人。事实上，日常生活中欺骗成性，以撒谎为乐事的骗子为数并不多，但在人的一生里，偶尔说一些假话却是在所难免的。然而，有些年轻人染上这种恶习之后，尽管他们自己也很痛恨这种坏习惯，可是往往事到临头就言不由衷了。这时就应该从撒谎的死胡同里走出来，把性格中这个有毒元素剔除出去。

那么，怎样才能把撒谎这一使人厌恶的有毒元素从性格中剔除出去呢？

首先，要明了促使自己撒谎的动机是什么。如果你已经认识到，有的时候仅仅是因为虚荣心作祟而撒谎，就应该培养正确的荣辱观以及实事求是的品质，应该积极付诸行动去实现自己的决心。一个十分简单的纠正方法，就是自我监督、自我改正。

其次，从书籍中寻找一些名人小故事或者名言、格言等，记到笔记本上当成座右铭，随时翻一翻。还可以采用写日记法监督自己，检查一天中自己有没有说谎，也不妨用清楚的数据列出撒谎的动机、撒谎的内容以及事情的全部经过。心理学家们指出，把自己的思想写在纸上，事实上就是一个理智化的过程，使人们有机会理清自己的思绪。根据纸上所记录下来的缺点，逐项进行纠正。

自信

心理学家唐纳德·麦肯巴姆，教会了人们进行认知处理的策略方法。他创造了一套治疗的程序，就是教导人们该如何积极地思维。他觉得，只要人们能够具体地说出某种情感、行为、场合或者事件，就相当于迈出了处理事实积极的一步。同时，积极的心理倾向还能够帮助你改正某些恶劣的习惯，当你在内心深处经常受到自我记录的监督时，就能够认真地纠正坏习惯。

要经常检查你自己的思想与言行，尤其是当你碰到某些困难的时候，想旧态重萌、重新撒谎的时候，应该通过回忆开始纠正撒谎的恶习，定下奋斗目标和下定决心来克服消极的心理。悲观者总是进行重复性的消极思维，始终认为"这次说谎后，下次再也不说了"。事实上是在变相地纵容自己，结果只能强化不可救药的情绪和毁灭感。另外，经常在内心深处夸赞自己没有继续说谎，也是一种十分有效的办法。

心灵悄悄话

说谎，是虚伪的表现；说谎，让人在社会上无法立足。经常检查自己的言行，远离虚伪，才能做到诚信，而这个世界，离开诚信，将步步难行。

抵制诱惑，袒露真诚

诚实不但能使我们求得良心的安稳，也能帮助我们获得别人的信任，取得事业的成功。

从前，在一条水花飞溅、水流湍急的河流旁边，有一片绿色、沉静的森林。森林里住着一个穷樵夫，为了维持生计，他在非常卖力地劳作着。每一天，他会将他那把坚固、锐利的斧头扛在肩膀上，然后步行到森林里。他总是边快乐地吹口哨边前进，因为他认为，只要身体健康，而且有一把斧头，那么就可以赚足够的钱，买家人所需要的面包。有一天，他在河边砍一棵大橡树时被一条多瘤的老树根绊倒了，使得他的斧头沿着河岸滑入河里。他没来得及将它抓住。

可怜的樵夫凝视着河流，试着下入河底，但是河水太深了。河流如往常一样快乐地流着。

"我该怎么办？"樵夫哭着说，"我失去了我的斧头，现在我该如何让我的孩子不挨饿？"就在他说完这话时，一个美丽的女人从水里冒出来。她是那条河流的水仙子，她听到樵夫悲伤的声音，于是来到了岸边。"你为什么伤心？"她仁慈地问。樵夫把他的烦恼告诉她，然后，她立即沉入水里，过了一会儿便带着一把银斧头重新出现了。"这是你失去的斧头吗？"她问。

樵夫想到他可以用这把银斧头为他的孩子买许多好东西，但是那把斧头不是他的，因此他摇摇头，回答："我的斧头只是一把铜制的斧头。"

水仙子将银斧头放在岸上，然后又沉入水里。过了一会儿，她又

出现了，并且拿另一把斧头给樵夫看。"或许这是你的斧头？"她问。樵夫看了一下。"啊，不！"，"这把斧头是黄金做的，它比我的斧头贵多了！"水仙子将金斧头放在岸上，并且再一次沉入水里。当她又出现时，她手里握着那把樵夫失去的斧头。"这是我的。"樵夫大叫，"这的确是我的旧斧头！"

水仙子说："这是你的斧头，但是现在，其他两把斧头也是你的，它们是河流送给你的礼物，因为你的诚实。"那一天傍晚，樵夫扛着这三把斧头回家。他愉快地吹着口哨，因为他想到可以为他的家人买许多好东西。樵夫终于以他的诚实和执着，得到了生活的馈赠。也许我们也曾遇到过"斧头"的故事，可是我们能否真诚和坦然地面对？

在现实生活中，我们所面临的环境可能会十分复杂，面对的诱惑可能会多种多样，但这样并不能妨碍我们袒露真诚的心灵。人可以穷困潦倒，但绝不能志短。樵夫因自己的坦诚无欺而得到了应有的回报。因此，一个人从小就应该说话诚实，做事诚实，要明确地挣脱各种利益的引诱和束缚，真正做到不是自己的东西，再好也不能拿。有本事，就靠自己的双手去创造财富，这样用起来才安心，才有味道。

心灵悄悄话

说谎，是不能面对困惑与诱惑的表现；说谎，让人丢失人格而在社会上无法立足。经常检查自己的言行，远离虚伪，才能做到诚信，而这个世界，只有诚信，才可坦然面对今天、明天。

第六篇 >>>
眼界决定人生境界

　　眼界的高低决定了一个人成就的大小。鼠目寸光难成大事，目光远大可成大器。可见如果一个人不把眼光放长远，就如同屋檐下跳跃的麻雀一样，虚度一生。如果你在生活中，遇事朝远处思考，拥有远大的志向和远大的目标，你肯定能成就一番别具一格的人生。

　　在现实生活中，远大目标跟一个人的职业无关，他可以是个货车司机、银行家、大学校长、职员、农民……世界上最穷的人并非身无分文者，而是没有远见的人。

长远打算，才能天宽地广

在生活中，人们会因为对生活所持的眼光不同而拥有不同的感受，很多人经常会发出这样的感慨：日子过得没有激情，不过是日复一日、年复一年地打发光阴，除了一天老似一天，一天消沉一天外，别的什么也看不到，生活只是做一天和尚撞一天钟而已。其实造成这种心态的原因，就是因为他们没有看到生活的阳光处，缺少创造生活的动力！

据说，美国的哈佛大学曾对一届应届毕业生做过一次调查，调查内容是，走向社会前，有无人生目标。结果是：27%的人没有目标；60%的人目标模糊；10%的人有清晰但比较短期的目标；3%的人有清晰而长远的目标。

25年后，哈佛再次对这群学生进行了跟踪调查。结果是：这些学生的生活现状和当初他们所做出的生活目标是惊人的吻合。3%的人，25年间他们朝着一个方向不懈努力，几乎都成为社会各界的成功人士，其中不乏行业领袖、社会精英；10%的人，他们的短期目标不断地实现，成为各个领域中的专业人士，大都生活在社会的中上层；60%的人，他们安稳地生活与工作，但都没有什么特别成绩，几乎都生活在社会的中下层；剩下27%的人，他们的生活没有目标，过得很不如意，并且常常在抱怨他人、抱怨社会中苦恼。

其实，他们之间出现的差别仅仅在于：25年前，他们中的一些人

清楚地看到了自己的人生目标，而另一些人则没看清楚。

还有这样一则寓言故事：唐太宗贞观年间，长安城西的一家磨坊里，有一匹马和一头驴子。它们是好朋友，马在外面拉东西，驴子在屋里推磨。

贞观三年，这匹马被玄奘大师选中，出发经西域前往印度取经。

17 年后，这匹马驮着佛经回到长安。它重到磨坊会见驴子朋友。老马谈起这次旅途的经历：浩瀚无边的沙漠、高入云霄的山岭、凌峰的冰雪、热海的波澜……那些神话般的境界，使驴子极为惊异。驴子惊叹道："你有多么丰富的见闻啊！那么遥远的道路，我连想都不敢想。"老马说，"其实，要算走的路途你走的一点也不比我少，不同的是，当我向西域前进的时候，你只是在走圈而已。我同玄奘大师有一个遥远的目标，按照始终如一的方向前进，所以我们打开了一个广阔的世界。而你被蒙住了眼睛，一直在围着磨盘打转，所以你没有我这样荣幸。"

故事简单易懂，但我们从中却能看到一些生活的本质。芸芸众生中，真正的天才与白痴都是极少数，绝大多数人的智力都相差不多。然而，这些人在走过漫长的人生之路后，有的功盖天下，有的却碌碌无为。本是智力相近的一群人，为何取得的成就却有天壤之别呢？

事实上，杰出人士与平庸之辈最根本的差别，并不在于天赋，也不在于机遇，而在于眼界的宽窄，目光的长短！就像老马与驴子，当老马始终如一地向西天前进时，驴子只是围着磨盘打转。尽管驴子一生所跨出的步子与老马相差无几，可因为缺乏目标，它一生终走不出那个狭隘的天地。

一个人如果没有人生目标，没有了追求成长与成功的动向与努力，就犹如永久躺在病床上的植物人，物体上存在而心灵上死亡，是可悲的。所以应该铭记，我们要过优雅、精致的生活，就要开阔自己的眼界，为自己定下远大的目标。

　　先天的不足，也许是一种无法改变的客观现实，但如果一味抱怨命运的不公，最终会成为命运的奴隶；积极地接受并挑战命运，也许会有意想不到的收获。

心灵悄悄话

　　生活的道理同样如此。对于没有目标的人来说，岁月的流逝只意味着年龄的增长，平庸的他们只是日复一日地重复自己。

第六篇　眼界决定人生境界

深谋远虑来自先见之明

　　前瞻性是一种战略性眼光，即能够准确地判断形势，判断可能发生的危机，以及可能引起的后果，并据此果断做出决策。现实中，这样的典型例子不胜枚举。

　　兵法上说："欲攻敌，必先谋。"而计谋与决策，又是根据正确的预测制订的。而预测必须由自己所看到的现实为基础。历史上被称为汉初三杰之一的萧何就有这种深远的眼光，在辅佐刘邦攻下咸阳以后，他一不贪恋金银财物，二不迷恋美女，却是到丞相府中，将秦朝有关国家户口、地形、法令等图书档案收藏起来。这些档案，对西汉政权的日后巩固与发展，起了很大的作用。

　　萧何辅佐汉高祖刘邦在沛县起义以来，一连攻下几座城池，刘邦一时声威大震，已与项羽齐名。这天正在攻占胡陵。夺下两个城池，方待乘胜向外发展的时候，忽得母亲病故的凶信。刘邦痛不欲生，便请萧何、曹参主持军务，令樊哙守胡陵，夏侯婴守方与，自己急忙回家奔丧。

　　刘邦为母奔丧，一去时日很久。萧何等人见刘邦一去不回，唯恐军事无人主持，人心一散，大势即去，不免焦急万分。于是，萧何再三致书刘邦，劝其火速归队，共图大事。刘邦接书之后，见军务紧急，便立即赶回沛县军中。萧何见刘邦归来，首先便说："将军在家守制，原属孝思。但是事有轻重缓急，我们内部之事，已是蛇无头不走。外面呢，项氏大军，声势非常浩大，现在英雄四起，谁不想继秦而占有天下。此刻正是千钧一发之际，稍纵即逝。一旦真的被捷足者先登，我们岂不白费心思！"

刘邦点头称是，萧何见刘邦心已收回，趁机进言说："项氏叔侄自会稽举义以来，已有一二十万人马，如今进至薛城。我们的兵力不及他们的十分之一，何不去投奔他们，共图大事？"于是，刘邦采纳萧何的意见，率人马往薛城而去。从此，反秦的义军力量大增，在许多战场上大败秦军。

公元前206年十月，刘邦率军西进，攻城略地，势如破竹。不久，顺利进至关中，兵临菜阳城下。秦王子婴见大势已去，便献出玉玺，向刘邦投降了。至此，由秦始皇建起的强大秦帝国，仅统治15年，便在农民起义的浪涛冲击下宣告灭亡。

其实，无论是用兵作战，还是现代的商业竞争，都必须深思熟虑，具有高瞻远瞩的目光才能立于不败之地，也只有在市场经济滚滚浪潮向前发展的今天，知识与科技、文化与信念才是长远利益追逐者所向往的，也只有在放眼于世界的目光中才能真正找到。

此外，还要有长久的战略。经济总会复苏的，而且往往在经济恢复的时候，市场都会有一个加速成长期，怎样使自己准备好，在经济复苏后能够抓住机遇是重中之重。

心灵悄悄话

如果你想比别人早10年或者20年想到某个问题，或者预测到某个趋势，单靠一点点的推测是不行的，还要有正确的判断，那表示你的状态和意识必须要在脱离现实的情况下，提前进入未来。

眼光决定事业的成败

　　被誉为清代"红顶商人"的胡雪岩曾经有一句至理名言："做生意顶要紧的是眼光，你的眼看得到一省，就能做一省生意；看得到天下，就能做天下生意；看得到外国，就能做外国生意。"

　　可以说，这一做事的眼光几乎是所有成功者的共同点之一。

　　比尔·盖茨不仅是个电脑天才，也是一个经商的天才，具有与众不同的长远眼光，他用预测未来的精神来指导科研，他的那些有关计算机的预言今天已经成为现实。

　　还在大型计算机垄断市场的时候，比尔·盖茨就说出了那句在多年以后让全世界都赞叹不已的名言："我们的目标是让每一个办公桌上以及每一个家庭都拥有计算机。"比尔·盖茨在开始创业时把自己公司起名为"微软"，即"微电脑软件"之意。盖茨创立这家公司的宗旨是：要为各种各样的微电脑开发软件。到如今，全世界有至少3亿人在使用微软操作系统。

　　作为公司的领导，比尔·盖茨总能显露出驱散乌云复见天的智慧，他会很好地把握将来的用户，并且能够在大多数人动摇的时候执着地坚持，事实证明，他的许多决策和判断都是对的。开创DOS是一个例证；否定DOS开创"视窗"又是一个例证；"视窗1.0"失败了，做"视窗2.0"，"视窗2.0"失败了，做"视窗3.0"，始终不渝，锲而不舍，这是第三个例证；当"视窗95"大行其道，大发其财的时候，却来开发"视窗NT"，是第四个例证。

比尔·盖茨，这个对时代脉搏把握得十分敏锐的商业奇才，从推出"视窗95"之后，就突然摇身一变，成了信息高速公路这一最新概念的推销者。在《未来之路》一书中，比尔·盖茨有以下关于信息高速公路的论述：

"你越年轻，适应计算机对你而言就越重要……如果你现在才25岁，而不习惯使用计算机的话，无论从事什么工作，你几乎都要冒事倍功半的危险了。最起码，要是你能把计算机当作一种工具熟练地使用，找工作就会容易些……

将来有一天，一个虚拟现实游戏能让你进入一个虚拟酒吧，在那儿与一个不一般的人目光相遇，对方意识到你对他（她）有兴趣，就走过来与你交谈。你滔滔不绝地说话，用你的魅力和机智给这个新朋友留下深深的印象。也许你们两个，当时当地，就决定要一起去巴黎。嗯——嘘！你们就在巴黎了，两人一块儿注视着巴黎圣母院的彩色玻璃。'你有没有在香港坐过星海渡船？'你也许会问你的朋友，以邀请式的口气。嗯——嘘！模拟现实当然要比所有曾经有过的电视游戏更吸引人，也更令人上瘾。"

值得指出的是，以上有关信息高速路的那些思想，是比尔·盖茨早在十多年前就提出来了的。直到今天，人们完全可以看到，盖茨当初的一些预言已变成了现实，这位电脑天才又一次以他的科学预言推动着时代的进步。

在回顾成功之路时，比尔·盖茨指出，眼光是创造成功的必要条件。与此同时，在比尔·盖茨创业所属的那个时代，一些曾经获得过成功的伟大企业家也有眼光短浅的时候，例如王安，甚至蓝色巨人IBM的负责人，以及苹果公司的最高统治者，他们因一时眼光出现失误而使事业遭到了惨重的损失，甚至因此而破产。

在盖茨的青年时代，DEC（数字设备公司）是最红火的计算机公司，公司的创建人肯·奥尔森是一位传奇式的硬件设计师，也是盖茨心目中的英雄。1960年，他推出了第一批"小"计算机，从而创建了小型计算机工业。最早的计算机叫作PDP-1，一个用户可以花上12万美元买一台奥尔森的PDP-1，而不是花几百万美元买IBM的"大铁块"。它完全没有大机器那样功能强大，可是它的用途广泛。DEC通过提供大量各式各样的计算机，在8年之间发展成为一个拥有67亿美元的公司。DEC维持了20年的高速发展。但奥尔森的眼光不再长远，他看不出小型桌面计算机的发展前途。结果，他被排挤出了DEC。在此后的很长一段时间，奥尔森还在反复地、公开地把个人计算机看作是一种赶时髦的玩意儿而嗤之以鼻。奥尔森本来是一个眼光远大的人，他极善于看清种种创新手法，然而在做了多年的创新者之后，他错过了他前途中的一次大转折机遇。

作为一个商人，必须具备一定的判断经济大势的能力。如果预见未来经济不景气，守下去只有亏本，那么，是否要暂时结束或是减缩经营的规模，就要做出决定，否则一路拖延下去，可能损失惨重。如果你预见经济会很快再起，现在只是暂时现象，那么就静待时机，到时候，那些欠缺远见的都停业转产了，你就可以抢得有利地位，赚取较高的利润。

心灵悄悄话

眼光不同，境界不同，结果也不同。所有成功人士都有一个共同的特征，那就是他们在决策时，从不只顾眼前利益，就事论事，而是善于用辩证思维方法去指导商务活动。

有远大目标才能成就大事

成大事者是具有远大目标的人，因为只有把目光放在远处，才能有大志向、大决心和大行动。要想成功，不能没有远大目标，要把目光盯在远处，用远大之志激发自己，并咬紧牙关，握紧拳头，顽强地朝着自己的人生方向走下去。没有这种品性的人，是绝对不可能成大事的，甚至连小事都做不成。

沃尔特·迪斯尼是一个有远大目标的人。他想象出一个这样的地方：那里想象力比一切都重要，孩子们欢天喜地，全家人可以一起在新世界探险，小说中的人和故事在生活中出现，触摸得到。

这个远大目标后来成为事实，首先是在美国加州迪斯尼乐园，后来又扩展到美国的另一个迪斯尼公园，还有一个在日本、一个在法国……

没有远大目标的人只看到眼前的、摸得着的、手边的东西，而有远大目标的人心中装着整个世界。远大目标跟一个人的职业无关，他可以是个货车司机、银行家、大学校长、职员、农民……世界上最穷的人并非身无分文者，而是没有远见的人。

结合实际，问问自己，你今后想干什么，想成就什么，把它定为你的长远目标。长远目标不能定得虚无缥缈，也不能定得太伟大。因为这个目标是你力争去实现的，如果不能实现，就会对自己产生怀疑，以致产生失败感。

隋朝末年，天下动荡不安，各路豪杰群起，纷纷谋夺天下。王世

充是隋朝的地方官吏，他在此动荡时代，没有马上跳出来树起义旗，而是暗暗地做一些基础工作，为以后成大事作图谋。江淮地区的人素来剽悍轻狂，动不动就滋生事端，打架斗殴乃至杀人是常有的事。再加上社会秩序不稳定，土匪小偷多如牛毛，一时间，官府里捉拿的犯人监狱都快关不下了，三天两头闹事。王世充看到了这一点，心想，这些人都是要钱不要命的好汉，太平时节固然留不得，如今兵荒马乱之时正好派上用场，将来举事时不都是以一敌十的好士兵吗？主意打定，他就利用手中的职权，对这些囚犯们逐一"审问"，然后大事化小、小事化了，将他们一一放出监狱。这批囚犯本以为自己犯的事绝逃不了，不杀头就算不错，没成想碰上这么一位好官，居然轻易地就获得了自由。于是个个感激涕零，当场指天发誓说，以后王大人如有召唤，乐意脑袋别在裤带上效犬马之劳。

后来起义军声势愈来愈壮大，隋朝官员们再也坐不住了，不想把自己绑在这艘将沉的船上等死，纷纷造反，大将杨玄感就是其中一位。由于杨玄感威望高，他的造反影响很大，使得吴人朱燮、晋陵人管崇在江南地方起兵响应他。这两人号称将军，拥有人马十余万，煞是声势浩大。隋炀帝很畏惧他们的势力，派遣大将吐万绪、鱼俱罗率大军征伐叛军，但再三攻打都没有取胜。王世充认为他的机会到了。他的如意算盘是，先打着王军的旗号发展势力，正当合法地招募人马，又能得到中央的财力物力支持，比率先打出义旗的人占优势得多。他想现在召集一支队伍去攻打朱、管，凭着才干和实力，一定能够取胜，这样在隋军中他就能崭露头角，成为一支劲旅。到最后他大权在握，决定去留就在他一句话了，那不是进退自如了吗。

于是王世充当机立断招募兵马，江淮间子弟以前受过他的恩惠的，闻风而动，纷纷赶来效力，很快就聚集了一万多强悍的士兵。他率这支队伍去征讨朱、管，连连得胜。每次打了胜仗，王世充都大肆褒扬部下将士，许多人都立功受奖。每次缴获的财物，都按人头分发下去，王世充本人丝毫不取。他的部下为他的无私、公正钦佩得五体投地，纷纷说："不替这样的人卖命，替谁卖命？"就这样，王世充的部队像滚雪球一般壮大了起来。隋军中，就数这支队伍功勋最为显著，不久便成为最强劲的军队。

树立长远目标很重要，倘若你没有长远的目标，就很可能知足——津津乐道于眼前的收益，从而过高估计自己的能力，认为所谓的成功目标只是一蹴而就的事，用不着花大力气。于是，你经常为自己设定伸手可及的目标，凭着小聪明和惯性就手到擒来，不免沾沾自喜。久而久之，你就放松了素质的培养和能力的锻炼，退化了聪明才智，一旦需要向更高更强的目标进发时，你就无能为力跌足长叹了。

倘若你没有长远的目标，可能会被短暂的种种挫折所击倒，过分夸大成功道路上的艰难险阻，以为所谓的目标只是遥远的"乌托邦"，从而放弃了目标。事实上，在通往出色人生的路途上，谁都不可能总是一帆风顺，难免会遇到各种各样的阻碍。这些阻碍有的来自客体——种种外在因素妨碍你实现理想；也有的来自主体——你可能遇到家庭问题、疾病、灾难等意想不到的意外。

假如你目光短浅，就会被眼前的障碍吓倒，甚至觉得有人在故意阻碍你的前进，从而将怨恨撒在别人身上。这样的情绪是非常有害的，它将阻碍你继续往前走。其实，没有人能够真正阻碍你，能够阻碍你的人就是你自己。其他种种障碍最多暂时让你停下脚步，而唯有你才能让自己永久停下脚步。

然而，长远目标变成现实不是一蹴而就的事，而是一个过程，跟一次旅行十分相似。你决定去旅行之后，首先要做的事情之一，就是决定出发点。没有这个出发点，你就不可能完整地规划旅行路线和目的地。

有长远目标的人，既不会为眼前的小小成功所陶醉，也不会被暂时的挫折所吓倒。他们明白，在实现目标的过程中，肯定有艰难险阻，假如轻而易举就能排除，只能说自己的目标定得太低。如果所有

的困难一开始就排除得一干二净，事情就会变得唾手可得，而失去挑战性。只有设立长远目标，并为之奋斗，一个一个、脚踏实地地清除前进道路上的所有障碍，到达目的地时才能体验到成功的快乐。

心灵悄悄话

成功不是一件轻松的事，而是一个非常有挑战性的抉择。在你为自己的人生目标而努力的时候，成大事的可能性就越来越大。现在只需要你放弃一些蝇头小利，把目光放在远方，迈动你的双脚。如果都准备好了，你就可以朝着自己的远大目标行进了。

不要只盯着脚尖走路

有一个故事非常著名：40 年前，有一个十多岁的穷小子，他自小生长在贫民窟里，身体非常瘦弱，却立志长大后要做美国总统，年纪轻轻的他，为自己定下了这样一系列的连锁目标：做美国总统首先要做美国州长，要竞选州长必须得到雄厚的财力支持，要获得财团的支持就一定得融入财团，要融入财团就需要娶一位豪门千金，要娶一位豪门千金必须成为名人，成为名人的快速方法就是做电影明星，做电影明星前要培养自己的阳刚之气。

按照这样的思路，他开始步步为营，从刻苦而持之以恒地练习健美开始，他一点点实现了自己的梦想。2003 年，57 岁的他，退出影坛，转而从政，成功地竞选成为美国加州州长。他就是大名鼎鼎的阿诺德·施瓦辛格。

做事眼光要长远，千万不要只盯着脚尖走路。成功人士通常具有战略眼光，他们总是把注意力放在下一个问题上，这为他们明确未来的目标提供了催化剂，发挥他们突破性思考的能力。思想有多远，我们就能走多远，无论现在如何，只要从今天树立一个目标，再将它分解为一步步完成的小目标，然后持之以恒地为它付出、奋斗，总有一天，你能够好梦成真。

思想有多远，我们就能走多远，其实这是心态的力量，也是自信的力量。动机是成功人士最初必须具备的东西，即根据自己的想法、需要、感情或心理状态，主动地促成自己的行动。可以说没有成功的

愿望，就没有成功的行为。为此，想要成功，你的大脑里就一定要存有要成功的动机，只有想了，才能去做。

成功者总是自觉培育强烈而积极的动机感，他们能自己选定目标，向想要发挥作用的方向努力，很少灰心丧气，即使有时出现失望、沮丧的情绪，他们也能够重新迸发出力量，稍许徘徊之后就又继续向自我实现的目标迈进。对成功的欲望使他们集中注意力于成功的报酬，并积极地摆脱畏惧和失败的纠缠，他们总是说："我想……""我能"。

那些成功的人总是对未来的事物或自己的前途有所希望和等待。他们期望成功，更怀有想要成功的强烈欲望，为此，他们能够自我控制并怀有坚定的信念。

我们不难发现，那些生活中的成功者总是相信自己预言的能力，并保持努力向上的势头，期望一个较好的工作，保持健康身体，收入不断增加，有热情的友谊和新的成功。也正因为如此，他们有能力和决心去挑战成功。

想要步步为营，你就必须有合理的生活计划、总的目标和明确的任务。你必须日复一日地努力，决心达到确定的目标，得到想要得到的一切。

曾有人巧妙地把人比喻为一条船。在人生海洋中，很多人像无舵船，他们总是幻想着"什么时候能漂到一个富裕繁荣的港湾"。面对风浪海潮的起伏变化，他们束手无策，只有任其摆布，随其漂流，结果大多是触礁或搁浅。但那些有远见的人，总是把时间用在实施计划、确定目标和航向上，研究最佳航线，学习航海技巧，扬帆远航，从此向着彼岸，有计划地行进。结果，那些无舵船一辈子航行的距离，他们只要两三年就达到了。

很多事情看起来难，但是当你下定决心后，就变得简单了。记住，你的人生从你下定决心那一刻起开始改变，你持有的每一个决心，每一分热情，都决定着你的人生。

信心是一种模糊而抽象的概念，一种未被证实而且或许永远不会被证实的意愿。拥有对于某种成就的信心，并不代表你就一定能达成目的，但是可以给予你完成梦想所需要的勇气。

心灵悄悄话

在人生旅途上，我们必须弄明白，自己真正需要的是什么。只有知道自己想要的是什么，人生才会有方向，才会更容易成功。

第六篇　眼界决定人生境界

多算胜，少算败

北宋时代，西夏主李继迁骚扰西部边疆，保安军上奏，擒获了李的母亲。宋太宗想把她杀掉，犹豫未决之际，请来枢密使寇准单独商议此事。商议停当后，寇准退出归家时，路过相府，以之告于宰相吕端。吕端说："皇上告诫过你不要跟我说吗？"寇准说："没有。"吕端便问："准备怎样处理？"寇准告诉他准备在保安军北门外斩首，以惩戒凶逆。吕端说："如此做，未必合适。"于是他便觐见皇帝说："从前项羽欲烹高祖父太公以示威于高祖，而高祖却说愿分得一杯羹。举大事者是不顾父母的，何况李继迁是不孝之子呢？陛下今天杀其母，明日即可抓住李继迁本人吗？如其不然，只能增加其对宋的仇恨程度，反志益坚。"太宗说："然则如何是好？"吕端说："依臣愚见，应将她安置于延州，派人好好服侍她，以招徕李继迁。他即便不立即来降，也可拴住他的心，因其母的生死完全掌握在我们手中。"太宗拍腿称善，说："不是你提醒，几误我大事。"后来，继迁母死于延州，继迁死后，其子竟来投诚。

杀了叛将的母亲，这种手法太拙劣，岂是天朝大国所为？而优待他的母亲，乃是怀敌抚远之举。还有一个故事：

明朝初年，徐达率军北逐元军，将元顺帝包围在元上都开平。他故意将包围圈空缺一角，让元顺帝逃走。大将常遇春觉得这本来是大功一件，怎么能让元顺帝逃跑了呢？他异常恼怒，就是想不通。徐达对他说："他虽然是外族人，但已经称帝于天下很久了。抓住了他之后。我们主上该如何对待他呢？再把一些土地封给他呢，还是干脆把他处死呢？都不很妥当。既然都不行，那么让他跑掉就是最简便的办法了。"常遇春一时还不认为这个做法对。等回来报告给太祖朱元璋，朱元璋也没有对这一举动怪罪。

我们在处理事情时，就应该像吕端、徐达那样多考虑几步棋，想想可能出现的后果，权衡一下优劣。

《孙子》中说："多算胜，少算不胜，由此观之，胜负见矣。"这里的"算"是指"胜算"，也就是制胜的把握。胜算较大的一方多半会获胜，而胜算较小的一方则难免见负，若是毫无胜算的战争更不可能获胜了。战术要依情势的变化而定，整个战争的大局，必须事先要有充分的计划，战前的胜算多，才会获胜，胜算小则不易胜利，这是显而易见的道理。如果没有胜算就与敌人作战，那简直是失策。因此，若居于劣势，则不妨先行撤退，待有可乘之机时再做打算。无视对手的实力，强行进攻，无异于自取灭亡。

《孙子》在此处所表达的意思，凡事不要太过乐观，一旦大意轻敌，将陷入无法收拾的可悲境地。在任何时代和国家，有资格被尊为"名将"的人，都有个大原则，即不勉强应战，或者发动毫无胜算的战争。如三国时的曹操便是一例。他的作战方式被誉为"军无幸胜"。所谓的幸胜便是侥幸获胜，即依赖敌人的疏忽而获胜。实际上，曹操的制胜手段确实掌握了相当的胜算，只要依照作战计划一步一步地进行，就能稳稳当当地获取胜利。而要做到有把握，就必须知彼知己。孙子说："不知彼而知己，一胜一负；不知彼，不知己，每战必败。"这句话虽然很容易理解，实际做起来却颇难。处于现代社会中的人，均应以此话来时时提醒自己，无论做何种事均应做好事前的调查工作，确实客观地认清双方的具体情况，才能获胜。

人生有时候还是需要运用"不败"的战术来稳固现况。就像打球

一样，即使我方遥遥领先，仍需奋力前进，掌握得分的机会。荀子说："无急胜而忘败。"即在胜利的时候，别忘了失败的滋味。有的人在胜利的情况下得意忘形，麻痹大意，结果铸成意想不到的过错。须知"祸兮福之所倚，福兮祸之所伏"，在任何情况下，都要预先设想万一失败的情况，事先准备好应对之策。

心灵悄悄话

会下棋的人都知道，你能多算一点、多想几步，就能在对弈中保持主动，起码不会让对手轻易将死。做人做事也是这样，谋事细密、深远，事情会做得更圆满、少出纰漏，谋身不被眼前一时的显达所迷惑，就能走得更稳妥、更安全。

诚信是最精明的处世方式

诚实比一切智谋更好，而且它是智谋的基本条件。有些人认为只有那些到处"揩油"，做事投机取巧的人才是精明的象征。其实这种追权逐利的处世方式并不是真正的精明，疏远了世间真情，背叛了亲朋密友，违背了自己的良心，一生只得权、利、位，注定是一个失败的人生。而提到诚信，人们又往往将其与精明处事对立起来，认为诚信的人一定不通世事。

其实，所谓精明，就是一个人能够合理管理自己的一生。如何才算是真正的精明人生呢？真正的精明不是钱财的无限积敛和对权位的不断攀爬，而是收获世间的真情，获得一世的英名。真情是人世间永恒不变的主旋律，是真情赋予了人类更加美好的象征，是真情的存在让一切变得更加有意义，能够在人生道路上不断吸纳、丰富世间真情的人，才是真正的精明之人。诚信便是人类获取真情的主要方式，懂得诚信待人的人，才能受到他人的爱戴和尊敬，诚信处事的人，才能受到上天的提携和恩赐，拥有真实而美好的人生体验。诚信是一个人的立世之本，是一个人成功的基石，是一个人迈向成功的坐标，那些拥有成功人生的人，都是诚信原则的恪守者。

曾任海星科技董事长的荣海就用多年的创业经历书写出了诚信的魅力篇章。1988年，31岁的荣海投资3万元创建了星海科技，当时他手下的员工只有5名，他一直对员工说："星海是大家的，大家都有份。"随着企业的日渐发展，1990年星海科技已经拥有了100万元的固定资产，但是令荣海没有想到的是，当他从深圳跑生意回到西安

后，等待他的竟然是公司里三个副手早已酝酿成熟的瓜分公司的计划。就这样，海星科技仅有的 100 万元被瓜分一空，而且大部分客户也被三个副手带走，海星只剩下一个牌子和一些旧机器。看到有一部分人仍然留了下来，处在悲愤之中的荣海感到十分欣慰，他把那些人召集在一起，对他们说："你们愿意留下，那么请大家信任我，我荣海一定不会辜负大家的期望，一定要闯出一片天地来。海星永远是大家的，大家都有份！"

恪守着对公司员工的承诺，荣海的工作一刻也不放松，在一年后，他终于抓住了一个商机——代理康柏微机。康柏公司的电脑质量好、价格高，主要运用于军事等领域。1990 年，康柏公司打入中国市场，1991 年 5 月，康柏公司的代表来到西安，想委托一家国营计算机企业开拓中国西北计算机市场。但是这家国有企业却久久不能下定决心，这让当时想要重振事业的荣海振奋不已，于是荣海亲自飞往深圳，约见了康柏集团的中国区负责人，与他谈条件，表示希望获得这次合作机会，成为康柏公司中国西北地区的代理商。也许是对海星科技的实力不够信任，所以对方提出了一个近乎苛刻的代理条件：一年要做够 1400 万美元。如果达不到，那么不仅中国的代理权资格取消，而且投入的资金也一律不退还，这对于当时的星海科技的确有一些困难。对方似乎是想以此打消荣海与其合作的念头，但是荣海咬咬牙，还是签下了协议，成了康柏公司的代理商。接着，荣海率领公司员工披荆斩棘，全力以赴，投入了繁忙的代理业务中，"海星永远是大家的，大家都有份"的承诺始终激励着公司里的每一位员工，大家都为了海星的发展贡献着自己的力量。半年之后，荣海的海星科技拿到了 900 万美元的订单，这不仅对当时海星科技是一个大突破，而且在当时的西北地区的企业中也是一次不小的震撼。随着业务越做越好，荣海在外地也设立了自己的分公司。良好的代理成果也逐渐赢得了康柏公司的信任，就在那年年底，海星科技获得了康柏公司在整个中国的总代理权。随着这一场"代理战"，海星公司的资本迅速积累，全国各地的分公司也不断扩展壮大，海星科技迅速在商界崛起，成为商界一颗冉冉升起的新星。如今，海星科技已经发展成为一家固定资产60亿元的大型企业，成为国内颇具影响力的商业集团。

荣海在谈到用人原则时曾说："我一直认为，只有具有人文情怀的人才能当领导。但这样的人又往往容易感情用事，因此，我提倡制度下的情感管理。"对员工信守承诺，让荣海拥有了强大的创业后盾，多年的诚信积累让他手下的员工工作起来任劳任怨，而对客户的信守承诺，也让他在商界奠定了很高的信誉，对他来说，这些是比有形资产更丰厚的财富，是他诚信处事的态度成就了他的人生。虽然荣海已在2008年卸任董事长的职务，但是他人生中的光环却不会消失，而诚信便是他人生中最闪亮的那一环。

李嘉诚曾说："你必须以诚待人，别人才会以诚相报。"的确，任何事物都只有在付出后才能得到回报。不要因为对人对事过于诚实而认为自己不够聪明，诚信才是最精明的处世原则，诚信为人，才能获得他人的真诚反馈，诚信做事，才能体味到诚信所带来的价值和作用。

心灵悄悄话

诚信不仅是经商之人需要遵守的商场法则，同时也是每一个人应该恪守的处事原则。在生活中做一个恪守诚信的人，真诚对待身边的每一个人，拿出诚信的态度做每一件事，那么你便会成为吸引美好的个体，收获世界的真诚回馈，使你拥有一个成功的人生。

第六篇　眼界决定人生境界

相信自己潜力无限

人在身处逆境时，适应环境的能力实在惊人。人可以忍受不幸，也可以战胜不幸，因为人有着惊人的潜力，只要立志发挥它，就一定能渡过难关。人的潜力是无限的，只要被挖掘，便可创造惊人的成绩。世界上之所以有些人辉煌一生，其实并非他们都是不同凡响的天才，有些人一辈子一事无成，也并非他们没有获得成功的资源和能力，只是因为前者较多地发掘了自己的内在潜力，而后者则封锁了潜力，只用那些仅有的余力掌控着自己的一生。

其实人与人内在潜力的差别并无大异，不同的只是人们看待生命的角度，面对世事的态度，对人生万物的思考和人生道路上的行动，这些都是需要经由人们后天去缔造和完善的，并非来自生命的原始潜能，但是这些过程却能成为激发潜能的良药，促使人们迸发内在潜能的灵光，发挥内在的能力和智慧。只要用正确的"药物"去激发自我潜能，那么每一个人都能创造卓越，拥有辉煌的人生。

有这样一个人，在他两岁时，他的身高忽然停止了生长，健康状况也出现恶化。后来经专家诊断，发现他患上了一种罕见的阻碍消化和吸收食物营养的疾病，他只能通过静脉注射营养液逐渐回复体力，但是医生告诉他，他的生长发育会受到限制，身高几乎不会再长了。

在医院里度过 7 年之后，他才终于走出了那里，然而他的身体仍然非常虚弱瘦小，因为营养吸收受限，他的鼻子里总是插着一根通到胃里的鼻饲管，管子的另一头用胶带贴在他耳朵后面，他的瘦弱和他奇怪的样子遭到了其他孩子的嘲笑，还把他叫作"花生豆"。

父母经常带着她的姐姐苏珊去滑冰场滑冰，每次，也会把他带上，有一天，他看着在滑冰场上自由滑行的姐姐，忽然转身对父母说："我也想试试，我想我也可以。"这让他的父母大吃一惊，但是为了满足他的愿望，父母还是尊重了他的做法。难以置信的是，这样一个瘦弱的孩子竟然对滑冰产生了浓厚的兴趣，在他的心里，身高和体重都不重要，甚至冰场之上他有着超过任何一个人的信心，他在滑冰场上找到了很多乐趣。

值得称奇的是，在第二年的健康检查中，医生竟然发现他的身高增加了，这个消息让他的父母和家人都感到很高兴，而且他的健康也在慢慢地恢复。

最重要的是，他不仅逐渐地拥有了健康，还找到了他喜欢的事情——滑冰，后来再也没有孩子嘲笑他、戏弄他，虽然他只有1.59米高，52公斤重，但是这并不影响他对滑冰的热爱，在一次世界职业滑冰巡回赛中，他更是运用了一系列高难度的动作征服了所有观众。

他就是前奥运滑冰冠军斯科特·汉密尔顿。

曾经身患重疾、没有丝毫滑冰基础的汉密尔顿不仅成功地摆脱了疾病困扰，而且最终成为奥运会冠军，这正是由他坚信自我的意志迸发的巨大潜能所带给他的。心态决定方向，角度决定高度，心有多高，生命就有多高，生命的价值总是依托心灵去定义的，一个人若是对自己不以为然，甘愿承认自我的平庸和渺小，那么他便会就此平庸一生，成为沧海一粟，如果他坚信自己的独一无二，相信自己潜力之大，那么他便会循着心灵的方向，逐渐打开生命潜能的闸门，不断提升自己的人生高度和生命价值。

自信是让我们潜能得以发挥的首要条件，但是除此之外，发掘潜能也需要具备十足的毅力和永不言败的精神。如果将自信看成潜能发挥的导向力，那么这种坚持便是促使潜能发挥的巨大助力，将心智与

其相结合，便能创造不同凡响的人生。世界著名天文学家开普勒的人生便是如此。开普勒出生在德国一个贫民家庭，因为是早产儿，他从出生起就身体虚弱。4 岁时，他患上了天花和猩红热，经过治疗，虽然保住了生命，但是身体却受到了严重的伤害，一只手残疾，视力也变得很差，但是他没有放弃学习的机会，一边帮助家里干活，一边坚持努力学习，成绩一直名列前茅。

功夫不负有心人，在他 16 岁时，他顺利地进入大学学习，然而不幸又一次降临到他的身上，她的母亲被指控有巫术罪而入狱，父亲也因病去世。面对家庭的不幸，他不仅没有放弃学业，反而更加努力地投入学习中，凭着顽强的学习精神，他获得了天文学硕士学位。

后来，他成为一名天文工作者，虽然视力有限，但是他对天文的研究却从未停止过，在 33 岁那年的一天，他发现了蛇夫座附近的一颗新星，最亮时比木星还亮。于是他对这颗新星进行了长达 17 个月的观测和研究，最终获得了天文界的肯定，人们以他的名字命名了那颗新星。在他 36 岁时，他又观测到了著名的哈雷彗星。开普勒最终成为天文领域一位功勋卓越的天文大家。

每个人的生命深处都隐藏着巨大的潜能，只要秉持坚定的信念、执着的精神和坚持不懈的努力，那么每一个人都将是人生中的成功者，都能拥有巨大的个人能力。

心灵悄悄话

诚信不仅是经商之人需要遵守的商场法则，同时也是每一个人应该恪守的处事原则。在生活中做一个恪守诚信的人，真诚对待身边的每一个人，拿出诚信的态度做每一件事，那么你便会成为吸引美好的个体，收获世界的真诚回馈，使你拥有一个成功的人生。

有了自信你才永远不会被打垮

有信心的人，可以化渺小为伟大，化平庸为神奇。成功始于自信，这个道理人人皆知，但并非人人都能做到。

当艰巨的任务摆在你面前时，你能够充满信心地勇敢上前吗？当经受了许多次挫折后，你仍然能对自己最终达到目标的信心毫不动摇吗？

当周围的人都瞧不起你，认为你是个"废物""无能之辈"时，你仍然能坚信"天生我材必有用"吗……

如果你的回答是肯定的，就说明你有很强的自信心。如果你的回答是含糊的，甚至是否定的，那你就需要锤炼你的自信心了。

战国时期，秦国欲攻打赵国，赵国的平原君准备带20位门客去楚国，希望说服楚国与赵国建立统一的抗秦联盟。当19位文武双全的门客选好，还差一位时，坐在最后的毛遂自荐而出。平原君嘲讽地说："有本事的人就好像带尖的锥子放在布袋里，它的尖很快就会显露出来，而你来了3年，还没显出本事，你就不用去了吧。"毛遂说："如果公子把我早一天放在布袋里的话，那么恐怕整个锥子都扎出来了，更不用说锥子尖了。"

毛遂一番充满自信的话使平原君打消了顾虑，带他去了楚国。在楚王犹豫不决时，毛遂挺身而出，大义凛然，说服了楚王，使得赵楚联盟终于达成。毛遂自荐成为一个人充满自信、敢于展示自我的象征。

"轻蔑自己""自暴自弃",都是由于缺乏自信心所致。许多人缺乏自信的原因很多,有的与童年时经常受到父母或师长的贬损有关,如"你真是没出息""你怎么那么笨""你将来只会一事无成",这些外部评价潜入头脑中,使人慢慢变得畏缩、胆怯,不敢自我表现。有的是与胸无大志、只图舒服安逸有关。还有的是受传统观念中的一些消极思想的影响,如"出头的椽子先烂""不求有功,但求无过""富贵在天,生死由命"等。

如前面所述,对每个人来说,自己都是独一无二的。中国古语也说:人皆可以为舜尧。所以,我们千万不要轻视自己,天地人三才都蕴藏在六尺之躯中。

我们要努力抛弃自卑想法、无所作为的想法、甘居下游的想法,充满自信地去发挥自己、推销自己,实现自己的成就。

那么,我们应该如何培养自己的信心呢?

对自身优势与劣势有正确的分析判断

自信是以理智为前提的,自信必须自觉,自信必须清醒,自信必须背靠真理。自信心是激励自己实现伟大志向的一种信念,而不是逆历史潮流而动的野心的膨胀。真正有自信心的人,不会拒绝别人的提醒和建议,不会因别人提出了尖锐的意见就恼火和沮丧,他们有海纳百川的度量,也有改过自新的勇气,因为他们相信,这只能使他更完善,取得更大成功。有自信的人不会妄自菲薄,反而会始终认为自己是很有价值的。有了这份自信心,才可能有勇气去争取达到更高的目标。

正视别人

　　一个人的眼神可以透露出许多有关他的信息。当某人不正视你的时候，你会直觉地问自己："他想要隐藏什么呢？他怕什么呢？他会对我不利吗？"反过来说，如果你不正视别人通常意味着你在别人面前感到很自卑，感到不如别人，而正视等于告诉别人：你很诚实，光明磊落，毫不心虚。要让你的眼睛为你工作，就是要让你的眼神专注别人，这不但能给你信心，也能为你赢得别人的信任。所以，请练习正视别人吧！

加快走路的速度

　　当大卫·史华兹还是少年时，到镇中心去是很大的乐趣。在办完所有的差事坐进汽车后，母亲常常会说："大卫，我们坐一会儿，看看过路行人。"母亲是位绝妙的观察行家。她会说："看那个家伙，你认为他正受到什么困扰呢？"或者"你认为那边的女士要去做什么呢？"或者"看看那个人，他似乎有点迷惘"。

　　许多心理学家认为懒散的姿势、缓慢的步伐常与此人对自己、对工作以及对别人不愉快的感受有关。而借着改变姿势与步履速度，可以改变心理状态。一种人走路，表现出的是"我并不怎么以自己为荣"。另一种人则表现出超凡的信心，走起路来比一般人快，像是在告诉全世界：我要到一个重要的地方，去做重要的事情，而且我会做好。如果你经常使用"走快25%"的技术，抬头挺胸走快一点，你就会感到自信心在滋长。

自信

—— 直挂云帆济沧海

积极补充知识

哥白尼敢于向"地心说"挑战，是他广泛而深入地钻研天文学、数学和希腊古典著作，并在 30 多年里孜孜不倦地观测天象的结果。有着厚重的知识功底，他才能写出伟大的《天体运行论》。"给我一个支点，我就能撬动地球。"阿基米德有这样的豪言，是因为他掌握了科学知识。

心灵悄悄话

一些人缺乏自信心，除了轻视自我以外，也与"内功"不深有关，就是说，他的知识储备、实践能力还有欠缺，因此常常会表现得"底气"不足。这就要求他们要努力学习知识充实自己。

永不放弃，永不言败

    成功者不放弃不言败，放弃者言败者不会成功。成功没有其他秘诀，唯一的秘诀就是抱定正确的目标，永不放弃、永不言败。永不放弃、永不言败是一种咬定青山不放松的坚韧，是一种对自我充分肯定的信念，是一种运筹帷幄决胜千里的气概。

    有人做了这样一个试验。

    把一条鳄鱼放在一个中间被隔开的透明的玻璃缸中，缸中的一边放着鳄鱼，另一边则放了鳄鱼的美食——鱼虾。鱼虾和鳄鱼被玻璃从中隔开。开始的时候，饥饿的鳄鱼向玻璃对面的鱼虾发动了猛烈的进攻。第一次失败了，第二次被撞得头破血流，第三次、第四次还是如此，于是鳄鱼放弃了努力。当玻璃被撤掉后，游动着的鱼虾就在鳄鱼嘴边，但鳄鱼没有做任何行动，最后还是被活活地饿死了。

    鳄鱼之所以最后被饿死，就是因为其经受不起失败，面对失败，它选择了放弃努力，而放弃最终导致了灭亡。

    牛津大学曾举办了一个关于"成功秘诀"的讲座，邀请到了伟人丘吉尔做演讲。

    演讲开始之前，整个会堂就已挤满了各界人士，人们准备洗耳恭听这位大政治家、外交家、文学家的成功秘诀。终于丘吉尔在随从的陪同下走进了会场，会场上马上掌声雷动。

    丘吉尔走上讲台，脱下大衣交给随从，然后又摘下了帽子，用手势示意大家安静下来，说："我的成功秘诀有三个：第一是决不放弃；第二是，决不、决不放弃；第三个是决不、决不、决不能放弃！我的

讲演结束了。"

说完后，丘吉尔便穿上大衣，戴上帽子离开了会场。会场上陷入一片沉寂中。但不一会儿，全场响起了雷鸣般的掌声。

在人生路上，我们要坚守"永不放弃"的两个原则；第一个原则是永不放弃，第二原则是当你想放弃时回头看第一个原则：永不放弃！

成功者与失败者并没有多大的区别，只不过是失败者走了九十九步，而成功者却多走了最后一步，即第一百步。失败者跌倒的次数比成功者多一次，成功者站起来的次数比失败者多一次。

往往有许多人对失败的结论下得太早，当遇到一点点挫折时就对自己的工作产生了怀疑，甚至半途而废，那前面的努力就都白费了。

没有人喜欢失败，因为，失败大多是一些痛苦的经验，甚至让你的人生受到重创。不过，一生顺利未曾尝过失败滋味的人，恐怕是少之又少，每个人或多或少都经历过，只是程度轻重的差别而已。

一般人几乎都是谈失败而色变。然而，若是换一个角度来看，失败其实是一种必经的过程，而且也是必要的投资。

其实，失败并不可耻，不失败才是反常，重要的是面对失败的态度，是能反败为胜，还是就此一蹶不振。

一位美国人做过一个有趣的调查，发现有百万资产的企业家中平均有 3.75 次破产的记录。

艾科卡曾是美国福特与克莱斯勒两大汽车公司的总经理。事实上，艾科卡从 21 岁到福特汽车公司任职见习工程师开始，工作上就一直十分努力，要求自己事事都有完美表现。当然，最后他终于摇身一变成为福特公司的总经理。然而，他却在 1978 年 7 月 13 日被妒火中烧的老板亨利·福特二世开除了。

他个人在事业上可说是一帆风顺，绝对没想到自己竟会被老板开除。

一夜之间，艾科卡如同从云端重重落下，人们远远避开他不说，就连过去公司的好同事也都抛弃了他，这可说是他生命中最严重的一次打击。

"艰苦的日子一旦来临，你除了做个深呼吸，并且咬紧牙关、继续奋斗之外，实在别无选择。"艾科卡曾经如此说道。所以他没有因此被打倒，反而接受了一个全新的挑战：应聘到濒临破产的克莱斯勒汽车公司出任总经理一职。凭借着他过人的智慧、胆识和魄力，大刀阔斧地对克莱斯勒企业进行整顿与改革，同时向政府求援、舌战国会议员，以便取得巨额贷款，重振企业的雄风。

1893年7月13日，艾科卡将面额高达8亿多美元的支票亲手交给银行代表。至此，克莱斯勒终于还清了所有的外债。巧合的是，五年前的这一天，正是艾科卡被亨利·福特二世开除的日子。

有时看似逆境的情势，其实是展开顺境的起点，这全在于你是否能将失败转化成铺设成功坦途的材料罢了。

失败不过是一个更明智的重新开始的机会。即使你具备经历考验的心理准备，可现实比理想的还要严峻，一连串的失败会接踵而至。虽然获得成功是这样困难，如果你有永不言败的意志，就会成功地杀出一条血路，到那时，你就可以豪情满怀地大笑。只有那些具有坚强意志，正确看待失败的人，才会取得辉煌的战绩。只要心中永不言败，失败就会望而却步，促使你战胜失败取得成功。

爱迪生说：伟大高贵的人物，最明显的标志就是有坚定的意志，不管环境变化到何种地步，他的初衷与希望仍然不会有丝毫的改变，而终能克服障碍达到所期望的目的。

生命原本就是一场无形的赌博，在没有绝望之前，你必须赌下去。我们应该相信，没有永远的赢家，你也未必总是输。即使输毕竟我们还可以豪赌一场，似乎也不枉来人世历练一番。如果我们真的输得"分文皆无"，除去"赌"还有"搏"。那就从头再来，好好地搏上一场，或许还有收获的希望。至少我们还有的是时间为自己疗伤，至少我们还有生命做"本钱"。

自 信

永不言败绝非只是一句口号，而是植根于内心的一种信念和品质；是百折不挠，始终坚守的一个信条；是在任何情境，遭遇任何打击，决不言败的韧性；是必须实实在在，毫不含糊贯彻落实的行动。

心灵悄悄话

永不言败是一种信心，是一种勇气，是一种锲而不舍的精神。只有坚持永不言败的进取精神，不断自我鞭策，自我激励，才能战胜困难，最后取得胜利。

永不放弃

　　成功者与失败者并没有多大的区别，只不过是失败者走了九十九步，而成功者走了一百步。失败者跌下去的次数比成功者多一次，成功者站起来的次数比失败者多一次。当你走了一千步时，也有可能遭到失败，但成功却往往躲在拐角后面，除非你拐了弯，否则你永远不可能成功。

　　在现实工作之中，往往有许多推销员对失败的结论下得过早，当遇到一点点挫折时就对自己的工作产生了怀疑，甚至半途而废，那前面的努力就白费了。唯有经得起风雨及种种考验的人才是最后的胜利者，因此，不到最后关头就决不放弃，永远相信：成功者不放弃，放弃者不成功！

　　在古老的东方，挑选小公牛到竞技场格斗有一定的程序。它们被带进场地，向手持长矛的斗牛士攻击，裁判以它受伤后再向斗牛士进攻的次数多寡来评定这只公牛的勇敢程度。

　　从今往后，我们必须承认：

　　我们的生命每天都在接受类似的考验。如果我们坚韧不拔，勇往直前，迎接挑战，那么我们一定会成功。

　　我们不是为了失败才来到这个世界上的，我们的血管里也没有失败的血液在流动。我们不是任人鞭打的羔羊，我们是猛狮，不与羊群为伍。我们不想听失意者的哭泣，抱怨者的牢骚，这是羊群中的瘟疫，我们不能被它传染。失败者的屠宰场不是我们命运的归宿。

　　生命的奖赏远在旅途终点，而非起点附近。我们不知道要走多少

步才能达到目标，踏上第一千步的时候，仍然可能遭到失败。但成功就藏在拐角后面，除非拐了弯，我们永远不知道还有多远。再前进一步，如果没有用，就再向前一步。事实上，每次进步一点点并不太难。

从今往后，我们承认每天的奋斗就像对参天大树的一次砍击，头几刀可能了无痕迹。每一击看似微不足道，然而，累积起来，巨树终会倒下。这恰如我们今天的努力。

就像冲洗高山的雨滴，吞噬猛虎的蚂蚁，照亮大地的星辰，建起金字塔的奴隶，我们也要一砖一瓦地建造起自己的城堡，因为我们深知水滴石穿的道理，只要持之以恒，什么都可以做到。

绝不要考虑失败，我们的字典里不再有放弃、不可能、办不到、没法子、成问题、失败、行不通、没希望、退缩……这类愚蠢的字眼。

我们要尽量避免绝望，一旦受到它的威胁，立即想方设法向它挑战。我们要辛勤耕耘，忍受苦楚，要放眼未来，勇往直前，不再理会脚下的障碍——坚信，沙漠尽头必是绿洲。

我们要牢牢记住古老的平衡法则，鼓励自己坚持下去，因为每一次的失败都会增加下一次成功的机会。这一次的拒绝就是下一次的赞同，这一次皱起的眉头就是下一次舒展的笑容。今天的不幸，往往预示着明天的好运。夜幕降临，回想一天的遭遇，我们总是心存感激。

要尝试，尝试，再尝试。障碍是我们成功路上的弯路，要迎接这项挑战。我们要像水手一样，乘风破浪。

从今往后，我们要借鉴别人成功的秘诀。过去的是非成败，全不计较，只要抱定信念，明天会更好。当我们精疲力竭时，要抵制回家的诱惑，再试一次。

要一试再试，争取每一天的成功，避免以失败收场。我们要为明天的成功播种，超过那些按部就班的人。在别人停滞不前时，要继续拼搏，终有一天会丰收。

不要因为昨日的成功而满足，因为这是失败的先兆。要忘却昨日的一切，是好是坏，都让它随风而去。要信心百倍，迎接新的太阳，相信"今天是此生最好的一天"。

心灵悄悄话

只要一息尚存，就要坚持到底，因为成功的秘诀是：坚持不懈，终会成功。坚持不懈，永不放弃，直到成功。

第六篇　眼界决定人生境界

真诚就像敲门砖

有一个日本朋友曾向我讲了她亲身经历的一件事：那年冬天，由于生意上连连受挫，老总冲动之下把我辞退了。

当我满怀委屈办完手续准备离开写字楼时，一位老太太冒雨来到了门口。她脚上的皮鞋被雨水弄脏了，这使她不好意思一脚踏进这地板光亮得能照出人影的写字楼来。

来不及细想，我向她点头微笑说："欢迎光临。"随即将自己的拖鞋脱下来，笑着说："很抱歉，就穿我这双好吗？"

老太太指了指我的脚，用不太流利的日语说："那怎么行，你怎么办？"

我又笑着解释说："没关系。"然后，我穿着一双单袜，挽着老太太上了楼，把她引进老总办公室后，就匆匆离开了。

怀着沮丧的心情我办了离职手续，拿上自己的东西，离开了工作了几年的写字楼，心里十分难过。

可没过多久，老总竟追到了我租住的小屋门口。我有些不解，他是来检查还是要追回什么吗？老总却满脸歉意地说："对不起。我真诚祈盼你不计前嫌，重新回去工作。"

在重回公司的路上，老总告诉我，那位老太太是他上个月去香港连续谈了半个月都没有搞定的大客户，没想到她这次竟爽快地在合同书上签了字。

签完字后，老太太对老总说："说实话，就实力上讲，我一点也没看好你们，是你员工的真诚与善良使我无法抗拒！她真不简单，给我一双鞋，就为我们的合作铺平了一条路。"

真诚永远是人们所珍视的品德。一句温情的话语，一个善意的举动，不仅可以助他成功，更会给自己创造难以预知的善果。正如上面的故事所揭示的一样，一双鞋，为公司的合作铺平了一条路，也为女孩的前途铺平了一条路。人生由众多的音符组成，有善良，有真诚，有宽容等，试想，如果失去真诚，这首生命之歌还会完整吗？

一个人做的事好与坏，需要别人的评价；一个人生活的快乐与平淡，需要别人的点缀；一个人要想得到别人的信赖，则需要自己先付出真诚。

同学之间要建立良好的关系，首先就要以诚相待，以诚待人是建立真挚友谊的第一步。真诚就像一块敲门砖，坦诚的态度和言行往往能够打动人心，使对方愿意与你做朋友。

让我们用真诚打动身边的每一个人吧，让人生更加充实，让生命的旋律成为一首美妙的歌。只有启程，才有可能到达目的地；只有拼搏，才能取得辉煌的成就；只有播种，才能有收获；只有追求，才有可能实现人生理想。

在一个著名企业家的报告会上，有一位年轻人向这位企业家提出这样一个问题："请问您过去几年走过什么弯路没有？能不能给我们年轻人指一条成功之路让我们少走弯路呢？"

企业家回答道："我不承认自己走过什么弯路，通往成功的路从来就不是一条直线，就像登山一样，哪里有什么直线可以走呢？"

爬山的时候，每个人都想找一条更省力气的路到达山顶。所以人们常常追问已经登上山顶的人，哪一条是直通山巅的捷径。

那些从山顶下来的人却说："哪有什么捷径，所有的路都是弯弯曲曲的。想要达到顶峰，还必须要不断地征服那些原本没有路的悬崖峭壁。"

成功之路，绝非平坦。这个世界上有太多的人梦想着不付出努力

就取得成功，上帝是公平的，从来没有人有过这样的特权。

对于每个人而言，成功其实很简单，那就是勤于积累，脚踏实地，积极肯干。只要努力了，只要付出了，多少总会有些回报、有所收获的。没有天才，没有机会，努力就是机会，拼搏就是成功。

心灵悄悄话

淡泊不是出世，而是恬然；淡泊不是消极，而是豁达；淡泊不是冷漠，而是大度；淡泊不是无为，而是超脱。面对世俗，不随波逐流；面对权贵，不卑躬屈膝，这是勇敢，也是骨气。